Übrigens bin ich der Meinung ...

Andres Furger

Übrigens bin ich der Meinung...

Der römische Politiker und Landmann Marcus Cato zu Olivenöl und Wein

Verlag Philipp von Zabern

Bibliografische Information der Deutschen Bibliothek

Die Deutsche Bibliothek verzeichnet diese Publikation in der Deutschen Nationalbibliografie; detaillierte bibliografische Daten sind im Internet über <http://dnb.ddb.de> abrufbar.

Lizenzausgabe für Deutschland und Österreich: Verlag Philipp von Zabern, Mainz am Rhein

ISBN 3-8053-3523-7
www.zabern.de

Inhalt

Vorwort

Dem folgenden Text liegt ein bisher verkannter Stoff zugrunde, *de agri cultura*. Sein Verfasser, Marcus Porcius Cato, galt als ebenso scharfsinnige wie vielseitige Persönlichkeit, sein Text als das älteste in lateinischer Sprache abgefasste Prosawerk überhaupt. Aber Catos Landwirtschaftsbuch ist heute nicht so leicht zu lesen wie etwa ein Kriegsbericht Caesars oder eine Rede Ciceros. Der «Gentleman Farmer» Cato springt von Thema zu Thema, kommt auf das einmal Gesagte wieder zurück und verbohrt sich in Einzelheiten. Dank seiner Pedanterie kann im Nachwort einerseits belegt werden, dass auf Catos Hof Olivenöl aufwendiger entstand, und wohl auch besser war als heutiges, aber seine Detailversessenheit war andererseits wohl mit ein Grund dafür, dass dieses einzige ganz erhaltene Werk aus der Feder dieses Politikers und Schriftstellers nach 2000 Jahren kaum mehr Beachtung findet. Den grossen Cato kennt man heute als Kriegsfalken, als beharrlichen Gegner Karthagos; der im Senat wiederholt geäusserte Nachsatz «Übrigens bin ich der Meinung, dass Karthago zerstört werden muss» klingt bis heute nach. Wer weiss schon, dass vom Historiker Cato Fragmente seiner Schriften und vom Redner Cato Sentenzen und zahlreiche markige Sprüche erhalten sind? Einer davon lautet: «Halte nur die Sache fest, die Worte werden folgen.» So entstand diese Nacherzählung. Seine Werke wurden genau studiert, die interessantesten Textpassagen aus *de agri cultura* und verschiedenen erhaltenen Schriftfragmenten wurden thematisch neu geordnet, in eine heute verständliche Sprache umgegossen und in den grösseren Zusammenhang der römischen Geschichte sowie in Catos bewegten Lebenslauf zu stellen versucht. Tiefe Einblicke in die Persönlichkeit Catos ermöglichte die kritische Biographie Plutarchs, der den blauäugigen Rotschopf ebenso stark kritisierte wie lobte, und intime Kenntnisse seiner Lebensführung preisgab. So entstand diese Nacherzählung, welche etwa zur Hälfte auf originalen Passagen beruht und sich in Aufbau und Gliederung an antiken Werken orientiert.

Andres Furger
Küsnacht bei Zürich im Februar 2005

Das Ölgut in Kampanien

2. April 198 v. Chr.

In Kampanien.
Angenehm kühlender Bergwind frischt auf. Der von hinten kommende Luftzug stellt die Blätter der vor mir liegenden Olivenbäume so auf, dass deren Kronen silbergrau zu glänzen beginnen. Jetzt zeigt sich schön die gitterartige Ordnung der ausgedehnten Baumkulturen bis weit in die Ebene hinein. Der Hügel, auf dem ich stehe, liegt am Rand des Kulturlandes. Hinter mir beginnt bereits der steinige Hügelzug, vor mir geht das bebaute Terrain allmählich in flaches Land über. Hinunter bis zur Durchgangsstrasse, welche parallel zum Meeresstrand verläuft, reicht die Domäne. Deren Territorium ist fast ganz von Olivenbäumen bestanden, nur hin und wieder unterbrochen durch Feigenbäume und Rebgelände. Der genauere Blick zeigt aber auch verwilderte Kulturen und überwuchertes Brachland. Weil die Olivenbäume lange Jahre nicht geschnitten wurden, schossen die Äste weit in die Höhe. An ihnen hängen zwar viele Früchte. Sie können aber – auch mit Hilfe von Leitern – kaum mehr geerntet werden. Zudem stehen Gras und Unkraut in der Ebene zwischen den Bäumen fast mannshoch. Manche Jahre wurde hier nicht mehr gejätet. – Ein zwiespältiges Bild! Das ist meine erste Bilanz bei der Mittagsrast. Hier im wärmeren Süden sucht man in dieser Jahreszeit dafür bereits den Schatten, zumal nach einem rechten Fussmarsch. Von der Strasse bin ich auf einem ausgetretenen Pfad hierher gekommen. Dieser wird scheinbar von im Winter vorbeiziehenden Wanderherden noch begangen. Die Hirten benützen offensichtlich das zur Domäne gehörige, reparaturbedürftige kleine Schutzhaus als Nachtlager, vor dem ich mich niedergelassen habe. Schutz vor der inten-

siven Frühlingssonne spenden mir die Blätter eines alten Olivenbaumes. Dessen etwas zerzauste Krone wächst aus einem mächtigen Stamm mit vielen vernarbten Wunden heraus. Mein Schattenspender muss einer älteren Bepflanzung der Domäne entstammen, etwa aus der Zeit meines Urgrossvaters. Die zahlreichen Bäume der jetzigen Kulturen dürften ungefähr in meiner Geburtszeit gepflanzt worden sein, stehen also im besten Alter.

Ein neuer Lebensabschnitt hat begonnen.

Ich stehe am Anfang des 35. Altersjahrs. Mit dieser fünften Siebenjahresperiode beginnt auch für mich die Reifezeit des Lebens. Der lang gehegte Gedanke ist zum Entschluss geworden: Neben meinem Leben als Politiker werde ich mich erstens wieder dem Landbau widmen und damit zu meinen Wurzeln zurückgehen. Zweitens werde ich mit dieser Investition mein Vermögen anlegen und drittens will ich zum Vorbild einer neuen, konkurrenzfähigen römischen Landwirtschaft werden. Denn die Pflege unseres fruchtbaren italischen Stammlandes wird mehr und mehr vernachlässigt; der Landbau soll aber nach meiner Meinung die ökonomische Basis der Republik bleiben können. Vor allem bei der Produktion von Olivenöl ist noch manches zu tun. Dies betrifft besonders die grossen Landgüter im Süden unserer Republik, die es mir hauptsächlich angetan haben. Eines davon habe ich hier vor mir. Andere reiche Römer geben sich in ihrer Freizeit dem Genuss des Lebens hin, ich benütze diese, um auch hier etwas Rechtes im alten Geist des römischen Volkes hervorzubringen. Rechte Bürger erkennt man nicht nur an ihren beruflichen Taten, sondern ebenfalls an der Art ihrer Lebensgestaltung.

Kraft und Stärke.

Der Olivenbaum steht mir als der zäheste aller Bäume besonders nahe. Er, der aus alten Stämmen immer wieder neue Zweige und Früchte treibt, verkörpert Kraft und Stärke. Diese Eigenschaften zeichnen mich selbst aus. Und zwar im Körper und im Geist. Beides gedenke ich jetzt auch beim Landbau einzusetzen. Bewirtschaftung und Pflege grösserer Olivenhaine brauchen ebensoviel

Arbeitseinsatz wie Organisationsgeschick. Das erstere ist heute kein Problem; nach dem soeben gewonnenen Krieg stehen reichlich versklavte Punier zur Verfügung. Das werde ich mir zu Nutzen machen. Beim zweiten ist für mich noch einiges zu lernen. Denn agrartechnisch mustergültig sollen meine neuen Betriebe arbeiten. Was es für die Führung eines modern bewirtschafteten Ölgutes zu lernen gilt, werde ich mir noch persönlich aneignen. – Ich bin übrigens der Meinung, dass tüchtige Menschen ihre Taten und Reden für ihre Nachkommen schriftlich festhalten sollen. Nachdem ich schon damit begonnen habe, die Manuskripte meiner Reden zu sammeln und überdies Sentenzen und exzerpierte Passagen bekannter Autoren zusammenzutragen, wage ich jetzt den Schritt in eine neue Domäne: Ich werde über die mir seit der Jugendzeit vertraute Landwirtschaft schreiben. Weil diese mit meinem eigenen Leben eng verknüpft ist, webe ich in dieses prosaische Werk Biographisches mit ein. Vor mir liegt eine frische Buchrolle, die ganz für diese Arbeit reserviert ist. Die Niederschriften zum Landbau können später ausgezogen und zu einem Handbuch für andere wackere Gutsherren vereinigt werden. Dasselbe verbitte ich mir jedoch bezüglich der persönlichen Eintragungen in diesem Tagebuch.

Auf der Suche nach einem Landgut.

Vier Tage sind es nun schon her, dass ich von meinem neu erworbenen Stadtgut vor den Toren Roms Richtung Süden aufgebrochen bin. Mein adliger Freund, Lucius Valerius Flaccus, hatte mir sein Schiff angeboten. Ich nahm seine Offerte an, obwohl ich eigentlich den Grundsatz vertrete, wenn immer möglich zu Fuss zu reisen. Aber das Geschäft eilt; bei einem guten Angebot muss man sofort handeln. Mit dem Schiff fuhr ich also mit meinem begabten Sklaven Chilon den Fluss hinunter, die Mannschaft setzte dort die grossen Segel, wo sich der Tiber zum Meer weitet. Der Küste entlang segelnd sahen wir nach drei Tagen die Silhouette des Vesuvs und liefen in den Golf von Neapel ein. Nach der Landung mietete ich im Hafen ein schnelles Pferd. Welch herrliches Gefühl für einen alten Kavalleristen in der Morgendämmerung allein vorwärts reiten zu können! Jetzt stehe ich nach einigen Stunden Ritt durch dicht besiedeltes Gebiet ganz allein auf diesem seit kurzem zum Verkauf ausgeschriebenen Gut. Das Pferd konnte ich im Gasthof an der Strasse einstellen. Ein landeinwärts weisender Weg führte mich auf den höchsten Punkt des zum Verkauf stehenden Landes der Domäne. Hier habe ich mir einen Überblick verschafft und eine kurze Pause eingelegt. Nachdem das mitgebrachte Brot und der Schafskäse verspeist sind, mache ich mich jetzt zur weiteren Inspektion des Landes auf. Ich beginne mit dem kleinen Schutzhaus, dessen Türe halb offen steht. Im düsteren Inneren ist ausser einer offenen Feuerstelle und altem Stroh nichts zu sehen. Die alten Ziegel bieten immerhin noch guten Schutz vor Regen.

Das Unglück des einen ist die Chance des anderen.

Der Gedanke zum Erwerb von Grossgrundbesitz in der fruchtbarsten Region unserer Republik kam mir im fernen Sardinien, von dem ich soeben zurückgekehrt bin. Im Auftrag des römischen Senats habe ich dort mit hartem Regime mein Bestes zu geben versucht. Selbst entschlossen Hand anzulegen hatte ich schon in den kargen Sabinerbergen südöstlich Roms auf dem einfachen Hof meines Vaters Marcus gelernt. Dieser war ein kriegstüchtiger Mann gewesen. Auf dem väterlichen Gut wuchs ich als Landjunge auf und lernte dort zunächst mit der Hacke zu schuften. Wir mussten dem steinigen Boden die Früchte richtiggehend abringen. Olivenbäume gedeihen dort nicht, anders als hier im sanften Hügelland Kampaniens. Deshalb habe ich in diesem Bereich noch einiges nachzuholen. In den letzten Jahren begann ich eigentliche Studien über den effizientesten Olivenanbau zu treiben und nahm jede Möglichkeit wahr, mit Spezialisten darüber diskutieren zu können. Diese bestätigten mir ein lukratives Expansionspotenzial in diesem Bereich. Aufgrund meiner bisher erworbenen Kenntnisse sehe ich den jetzt vor mir stehenden Bäumen an, dass sie seit gut zehn Jahren nicht mehr fachgerecht geschnitten worden sind. Das ist allerdings keine Überraschung. Denn vor der Abreise hatte ich noch in Erfahrung bringen können, dass der letzte Besitzer im vor drei

Jahren zu Ende gegangenen Punischen Krieg, wie viele andere auch, gefallen ist. Der zurück gebliebenen Familie wuchs die Sache buchstäblich über den Kopf. Die Zeit für einen günstigen Kauf ist jetzt besonders gut; der Kriegsfolgen wegen stehen beste Güter zum Verkauf. Der mehrere Jahre dauernde zweite Krieg gegen Karthago zehrte besonders in dieser Region die römischen Bürger richtiggehend aus. Zum zäh errungenen Sieg leistete auch ich meinen Beitrag. Das war mit eine Referenz für die Berufung als Prätor Sardiniens durch den Senat. Die in der Provinz eingebrachten Mittel und meine Erbschaften geben mir jetzt genügend Geld in die Hand für eine grössere Investition. Das Kapital gilt es langfristig anzulegen. Kurzfristig wäre sicher mit Handelsgeschäften mehr zu verdienen. Ich setze aber lieber auf die sichere Karte.

Der Besitz von Grund und Boden als Basis des tüchtigen Bürgers. Die langfristig beste wirtschaftliche Grundlage für unsereins ist und bleibt der Besitz von Grund und Boden. Aus den Landwirten gehen die tapfersten Männer und die tüchtigsten Soldaten hervor. Der gute Bürger ist Bauer und Soldat zugleich. Und die Bauern sind zufriedener als andere Menschen und weniger neidisch als viele. Früher waren die vom Staat an Kolonisten vergebenen Güter gerade so gross, dass sie von einer Familie mit wenigen Hilfen selbst bewirtschaftet werden konnten. Später vermass man grössere Güter. Diese wurden zunehmend vom Besitzer mit der Hilfe einiger Sklaven bestellt. Und jetzt geht man noch einen Schritt weiter. Der Eigentümer lässt ganze Güter durch Unfreie führen. Der Gutsherr kann meiner Ansicht nach allerdings nur dann erfolgreich sein, wenn er selbst in der Landwirtschaft zu Hause ist. Ich sage es ungern, aber es stimmt: Weiter fortgeschritten als die römische Landwirtschaft ist die Kultivierung des Landes bei den Griechen auf dem Peloponnes und den Puniern in Nordafrika. Dort werden die grossen Güter seit längerer Zeit systematischer bewirtschaftet. Beim Anbau des Olivenbaums haben vor allem die Hellenen eine längere Erfahrung als wir. Man sagt, dass dort der Olivenbaum einige hundert Jahre früher als in Italien im grossen Stil angepflanzt worden und über Kreta von Syrien her eingeführt worden sei. Die Griechen brachten den Olivenbaum nach Sizilien und von dort wanderten die neuen Kulturen langsam den Stiefel aufwärts, zunächst vor allem den Küstenregionen entlang. Wenn ich auch vieles ablehne, was derzeit gewisse Römer von den noblen Griechen übernehmen, in der Landwirtschaft kann man durchaus etwas von ihnen lernen. Weil sich der römische Adel immer mehr von der bisherigen Existenzgrundlage, der Landwirtschaft, verabschiedet, will ich hier ein Zeichen setzen. Um den römischen Landbau wieder konkurrenzfähig zu machen, braucht es heute Männer wie mich, die in Sizilien und in Nordafrika selbst gesehen haben, was man in Italien besser machen kann.

Lernen und Handeln.

Das alt Bewährte ist wichtig, aber es braucht auch Pioniere, die neue Wege gehen und Tradition mit Fortschritt verbinden. Hier sind wir, die Ritter, die in Rom «neue Männer» genannt werden, besser als die verweichlichten alten Noblen. Als Pragmatiker stellen wir diese zunehmend in den Schatten, zumal wir mit Entschlusskraft und Schneid der Republik dienen. Stolz sind wir darauf, auch im privaten Bereich als gute Geschäftsleute zu gelten, die auf eine hohe Rentabilität achten. Dafür sind neben Risikobereitschaft solide Grundlagenkenntnisse der Materie nötig. Diese habe ich mir angeeignet und werde sie hier in die Tat umsetzen. Dafür sind die vor mir liegenden Haine geeignet: Sie stehen auf fruchtbarem Boden, und die Nachfrage nach gutem grünen Öl ist in Rom im Steigen begriffen. Dabei kommt zupass, dass mittlerweile jeder vierte in unserem Land Lebender ein Unfreier ist. Bisher wurde auf unseren Ländereien vor allem Getreide produziert, wofür man nicht so viele Arbeitskräfte braucht. Das interessiert mich weniger. Mit Öl und Wein ist mindestens eine doppelt so hohe Rentabilität des investierten Kapitals zu erreichen, nämlich weit über 10 Prozent. Und eine andere Sache spornt mich an, im Bereich des Wein- und Ölanbaues Italien vorwärts zu bringen: Der geschickte Hannibal forciert trotz der militärischen Niederlage durch uns neuerdings wieder die Landwirtschaft der Karthager. Sein afrikanisches Land war und ist nicht nur im Gebiet der Emporia eine bedeutende Kornkammer, er lässt jetzt da und dort riesige neue Olivenhaine anlegen und auf diese Weise die heimkehrenden Krieger beschäftigen. Was ihm recht ist, soll uns billig sein; im Kopieren waren wir Römer immer flink.

Voraussetzungen für einen erfolgreichen Landwirtschaftsbetrieb.
Von meinen Gewährsleuten habe ich als Wichtigstes gelernt: Wenn ein Landgut für Öl oder Wein etwas abwerfen soll, muss es in erster Linie gut gelegen sein und einen fruchtbaren Boden aufweisen. Die Erde soll so beschaffen sein, dass sie auch ohne Dünger rechte Erträge möglich macht. Eine gute Lage ist die am Südfuss eines Berges mit frischem Trinkwasser. Wichtig ist auch, dass es dort nicht häufig Hagelwetter gibt. Eine Stadt soll ebenso in der Nähe liegen wie ein schiffbarer Weg oder eine belebte Strasse; denn Öl und Wein müssen in den schweren Gefässen leicht fortgeschafft werden können. Eine weitere entscheidende Voraussetzung ist das Vorhandensein einer grossen Zahl von frei verfügbaren Arbeitern in der Region, da in der Erntezeit vorübergehend Kräfte zugezogen werden müssen. All diese Voraussetzungen sind hier gegeben, wie die Herreise gezeigt hat. Der rötlichbraune Boden nährte die Bäume in den letzten Jahren offensichtlich auch ohne zusätzliche Düngung. Die Bäume selbst stehen im besten Alter, sind nicht zu jung und nicht zu alt; sie tragen nicht schlecht, von ihnen ist bestes Öl zu erwarten. Das Gut selbst wird im Nordosten begrenzt durch einen lang gestreckten Hügelzug, Richtung Meer fällt das Terrain zunächst leicht ab. Auf diesem schrägen Land beginnt bereits guter, von Olivenbäumen bestandener Boden, die grösste Anbaufläche liegt aber in der fruchtbaren Ebene.

Am Anfang steht die nüchterne Inspektion.
Die Voraussetzung einer guten Investition ist die genaue Abklärung des Kaufangebots vor Ort. Nimm dir dafür Zeit, ist die Hauptdevise. Dazu gehört das Abschreiten des ganzen Gutes, vielleicht sogar mehrmals. Das ist das Ziel des heutigen Nachmittags. Der nähere Augenschein zeigt immer wieder bedenkliche Bilder. An eine gute Ernte ist in diesem Herbst noch nicht zu denken. Was

für eine Arbeit, bis diese Kulturen wieder etwas abwerfen! Es ist allerdings nicht zu übersehen, dass das Gut einst gepflegt und systematisch angelegt wurde. Man versicherte mir, der Besitz hätte früher nicht oft die Hand gewechselt – was ein schlechtes Zeichen gewesen wäre. Eine gute Grundlage für einen Kauf ist nach der Erfahrung meiner Gewährsleute die Infrastruktur, allem voran die Anzahl der Pressen und Fässer. Ich begebe mich also zum Hof. Er liegt auf einer leichten Anhöhe über der Ebene und ist von meinem Standort aus schwach zu erkennen. Nach einer halben Stunde Fussmarsch durch die Baumkulturen stehe ich auf dem Hofplatz, der sich gegen Süden öffnet und bereits mit Unkraut überwuchert ist, was ich allerdings nicht anders erwarten konnte.

Der Hof.

In der Mitte des Hofs liegt das solid gemauerte Haupthaus mit einem seitlichen Nebengebäude, rechts und links stehen Ökonomiegebäude. Da zeigt sich ein schlimmes Bild. Die Türen stehen offen, einige fehlen ganz. Alles, was nicht niet- und nagelfest war, ist offenbar geplündert worden. Keine Leitern stehen im Speicher, keine Körbe sind mehr vorhanden, von den Werkzeugen sind nur noch zerbrochene Stiele vorhanden. Aber im Kelterhaus stehen fünf mächtige, wenn auch nicht mehr ganz vollständige Pressen. Daneben sieht man durch die Türöffnung im grossen dunklen Ölkeller Dutzende grosse Tonfässer in Reih und Glied stehen. Soll ich wirklich ein solches Gut kaufen? Einerseits ist es offensichtlich heruntergekommen, andererseits stimmen die Lage, die Grösse von 60 Hektaren, der Baumbestand und eben die Bodenbeschaffenheit. Weil ja junge Olivenbäume erst nach vielen Jahren richtig Früchte tragen und gepflegte Güter sündhaft teuer sind, gibt es nur zwei Möglichkeiten: Neu anpflanzen, viel investieren und lange warten oder instandsetzen und viel investieren. Alles in allem ist es in der Regel besser, ein vernachlässigtes Gut zu kaufen, als ein neues auf Brachland anzulegen.

Ein Besuch beim Nachbarn sagt viel aus.
Von den Erfahrungen auf dem väterlichen Hof und vom Kauf meines Stadtgutes am Ufer des Tibers her weiss ich, was in Zweifelsfällen den richtigen Entscheid leichter fällen lässt: ein Augenschein beim Nachbarn. Was gedeiht dort, was hat er über die Region zu berichten, das Klima, die Erträge und über andere Umstände? Eine Stunde zügiger Marsch, wie ich ihn von meiner Mission in Sardinien her bestens gewohnt bin, bringt mich zum nächsten Haus im Osten. Dieses Nachbargut macht zunächst einen guten Eindruck. Ich komme an fleissigen Arbeitern, stoisch tätigen Sklaven in ihren Fussfesseln und an einem Ochsengespann mit Knecht vorbei. Dem auf einem sanften Hügel liegenden Wohnhaus sieht man von weitem an, dass es mit Backsteinen über einem gemauerten Sockel massiv gebaut und mit grossen Ziegeln eingedeckt ist. Ich trete unter das offen stehende Portal in der Hofmauer, Hunde schlagen an. Der Hofplatz wird von einer Magd gewischt. Am Rande des grossen Platzes erkenne ich bereits das mich vor allem interessierende Kelterhaus mit den Quetschen und Pressen. Deren lange Hebebäume ragen unter dem Dach hervor, zwei an der Zahl. Ob auch zwei Kollergänge für das Entsteinen der Oliven daneben stehen?

Der Nachbar.
Der Nachbar muss mich bemerkt haben; denn er tritt in dem Moment aus dem Hause, wie ich vom Hoftor aus die Ökonomiegebäude mustere. Leicht hinkend macht er einige Schritte in meine Richtung und lädt mich von weitem mit einer einladenden Handbewegung zum Eintreten ein. Beim Überqueren des Hofs sehe ich, dass er eine einfache Tunika trägt. Seinen scharf geschnittenen Gesichtszügen und seiner braun gebrannten Haut nach ist er ein gewissenhafter Mann, der hier sein ehrenhaftes Geschäft selbst betreibt. Solche Leute tragen seit alters unseren Staat, sie sind mir deshalb grundsätzlich sympathisch. Dieser Mann ist etwas älter und kleiner als ich. Ich mache mich ihm bewusst bescheiden als Marcus aus dem Sabinerland bekannt. Er begrüsst mich offen und freundlich und stellt sich als Lucius Dentatus und damit als freier

römischer Bürger vor. Als erstes bittet er mich, den Fremden, ohne Umschweife nach alter Väter Sitte zum Hausgott. Also trete ich in das Haus ein. Im Vorbeigehen sehe ich bei der Eingangstüre alte, an die Wand genagelte Beutestücke, darunter zwei Langschwerter. Wir treten in die Küche ein. Der Lar ist hier eine über dem Herd in einer Nische an die Wand gemalte männliche Gestalt. Nachdem ich diesen regelgerecht begrüsst habe, entwickelt sich unter der schattigen Laube ein aufschlussreiches Gespräch bei einem Becher Wein, wie es unter Landleuten üblich ist.

Des Nachbarn Auskünfte.

Zunächst erfahre ich, dass mein Gesprächspartner einer alten Kolonistenfamilie entstammt, welche das Land einst vom Staat per Los zugeteilt bekommen hat. Geschickt lenke ich das Gespräch auf Haus und Hof. Freimütig erhalte ich dabei Auskunft. Der Boden sei hier sehr gut für den Olivenanbau, Hagelwetter gäbe es kaum, in der Umgebung würden genügend Taglöhner leben, welche man für die Ernte verpflichten könne. Darauf kommt er ohne Umschweife auf seinen ehemaligen Nachbarn, auch einen Kolonus, und dessen Tragödie zu sprechen. Denn er hatte gesehen, aus welcher Richtung ich gekommen war. Dieser Quintus habe sein grosses Gut seit den Jugendjahren bestens gepflegt und die neuen Bäume selbst gezogen. Dann sei er vor 12 Jahren unvermittelt zum Abwehrkampf gegen die Karthager als Fuss-Soldat aufgeboten worden. Er hätte die Stellvertretung der Gutsleitung nicht mehr regeln können, weil die meisten anderen Männer ebenfalls zum Kriegsdienst eingezogen waren. Und dann beginnt Lucius Dentatus seiner Wut über die Politiker und insbesondere die Senatoren in Rom freien Lauf zu lassen.

Der Respekt des Nachbarn.

Zwischendurch schaut mich der Bauer immer scheeler von der Seite an, seine Rede stockt zwei-, dreimal. Offenbar kann er mich nicht richtig einordnen, einerseits meine sehnige, durchtrainierte Gestalt mit den kräftigen Händen und andererseits meinen gepflegten städtischen Haarschnitt. Meine spontan und prägnant geäusserten Zwischenbemerkungen machen ihn schliesslich so stutzig, dass er irritiert fragt, wer ich eigentlich genau sei. Um nicht unhöflich zu wirken, stelle ich mich nolens volens mit meinem ganzen Namen, Marcus Porcius Cato, vor. Da fährt dem guten Mann sichtbar der Schrecken in die Knochen, offenbar kennt er meinen Namen vom Hörensagen als Quästor in Afrika, als Ädil in Rom und vor allem von den von mir mit einem Kollegen im letzten Jahr veranstalteten Spielen in Rom her. Er schiesst von der Bank hoch und will meine linke Hand zum Kuss ergreifen. Ich fahre mit meiner Rechten dazwischen und erkläre ihm ohne Umschweife die Situation. Ich würde das Nachbargut zu kaufen beabsichtigen, da ich seit Kindesalter mit der Landwirtschaft vertraut sei und der harten Landarbeit auch heute nicht aus dem Weg gehen würde. Meinen roten Haarschopf und meine blauen Augen fixierend schämt er sich, mich nicht schon vorher erkannt zu haben. Also beruhige ich ihn weiter und lenke das Gespräch wieder in Richtung der ihm vertrauten Landwirtschaft. Dabei berichte ich auch von meinem neuen Stadtgut und der dort geplanten Gärtnerei.

Was für ein Bild man von mir hat.

Das, was ich hier erfahre, ist mir wohl bekannt. Ich weiss, dass man mich achtet und fürchtet zugleich. Schliesslich ging ich als Prätor in Sardinien forsch gegen die geldgierigen römischen Getreidespekulanten vor, die Anlass zu Unruhe in diesem Untertanengebiet gaben. Das hatte in Rom einen gehörigen Wirbel ausgelöst und mir den Ruf eines besserwisserischen Falkens eingebracht. Seither irritiert mein scharfer Blick aus den tiefen Augenhöhlen offenbar mehr und mehr. Meine Gegner bezeichnen mich als gnadenlosen Rotschopf. Damit kann ich leben, zumal ich bei den respektvolleren Römern nicht nur als pingeliger Zeitgenosse, sondern auch als ehrgeiziger Mann mit stringenter Einstellung gelte. Die Redensart «streng wie Cato sein» ehrt mich; was ich anpacke, mache ich in der Tat ganz, bis ins letzte Detail. Das sieht man offenbar auch meinen scharfen Gesichtszügen, vor allem den Stirnrunzeln an, wie man sagt. Meinem Mund sähe man mein spöttisches Wesen an, wurde mir auch schon zugetragen. Lieber wäre mir, man würde meine ausgefeilte Rhetorik zum Thema machen und noch lieber meinen Verstand. Denn vor der Rede kommt das Denken und das Konzept. Beherrsche nur die Sache, dann folgen die Worte, heisst mein Grundsatz. Auch für eingebildet hält man mich. Tatsächlich brauche ich meinen Verstand auch dafür, meine Taten ins richtige Licht zu rücken, was immerhin dazu geführt hat, dass der Beiname Cato schon als «der Kluge» gelesen wurde. Das Erlernen der Redekunst stand am Anfang meiner öffentlichen Tätigkeit. Der Grieche Demosthenes war hier neben anderen ein Vorbild. Dank meiner Beredsamkeit konnte ich mich als junger Mann bereits auf dem Marktplatz als Redner und Fürsprecher für eine grössere Klientel betätigen. Dies brachte mir Befriedigung und machte anderen Eindruck. Ich war dabei so erfolgreich, dass ich sogar einer adligen Politikerfamilie in der Nachbarschaft auffiel. Diese verschaffte mir dann das erste Amt in Rom. Der Sohn meines Förderers, der jüngere Valerius Flaccus, ist bis heute mein bester Freund geblieben.

Die Ausstattung des Nachbargutes.

Dies alles lasse ich meinen Gesprächspartner wissen, der sich ob der langen Rede geschmeichelt fühlt. Langsam fasst er Vertrauen, zumal ich durch geschickt gestellte Fragen immer wieder Proben meiner praktischen Arbeitserfahrungen von mir gebe. Ich wecke damit seinen Stolz als tüchtiger Olivenbauer. Er lässt zwischendurch durch seine Frau, die ich für eine Magd hielt, Brot und Olivenöl in einer Schale reichen, das ich sofort kosten muss. Mein Lob über die schöne grüne Farbe des Öls freut ihn sichtlich. Dann tauche ich einen Bissen Brot ins Öl und koste den edlen Saft. Der erste Eindruck ist nicht schlecht, aber da macht sich auch ein leichter fauliger Nachgeschmack bemerkbar. Also frage ich etwas scheinheilig: Wie lange nach der Ernte sind denn die Oliven gepresst worden? Da zieht Lucius Dentatus eine lange Miene und beginnt über die Sklaven zu lamentieren: Die Hälfte davon sei ihm während der Ernte davongelaufen. Heraus kommt aber auch, dass auf dem Hof nur zwei Quetschen zur Verfügung stünden, und es deshalb zuweilen viele Tage dauern könne, bis die geernteten Oliven entsteint und gepresst werden. Das Stichwort war gegeben und ich konnte ihn darum bitten, mir seine Kollergänge und Pressen zu zeigen.

Das Innere des Kelterhauses.

Zunächst führt mir Lucius Dentatus den ans Kelterhaus angebauten Ölkeller vor und erwähnt, der des Nachbarn sei noch viel imposanter und enthalte doppelt so viele grosse Dolien aus Ton. Diese stünden jedoch alle seit Jahren leer und seien erst noch neu zu verpichen. Dann geht es zum Kelterhaus, dessen Inneres bereits blitzblank geputzt ist, obwohl die Ernte erst in etwa drei Monaten beginnen wird. Die beiden Pressen sind von beeindruckender Grösse und massiv aus Eichenholz gebaut. Daneben stehen die beiden Quetschen älterer Bauart mit hängenden Steinen auf einer runden Platte, wie man sie von den Kornmühlen her kennt. Sie sind vom langen Gebrauch schon ziemlich abgenutzt. In einem Holzgestell an der Wand liegen die Utensilien, wie sie jeder kennt: Kellen, Töpfe und Schöpfer sowie vieles andere mehr. Das gibt mir zur Frage Anlass, wo denn das Inventar des Nachbars verblieben sei. Jetzt geht wieder ein Lamento los. Heraus kommt, dass die Nachkommen nach dem Tode ihres Vaters ein trauriges Leben in einem kleineren Haus an der Strasse führen mussten, wo sie eine kleine Schenke führten. Der Gutshof selbst sei dementsprechend lange verlassen gewesen. Alles sei damals gestohlen worden, was vom Gesindel abtransportiert werden konnte. Entlaufene nordafrikanische Sklaven hätten sich dort zeitweise versteckt, seien dann aber der gerechten Strafe zugeführt worden.

Karthago, unser Hauptfeind.

Dieses Thema bringt das Gespräch auf die Kriegswirren. Der Nachbar weiss als politisch Interessierter schon von meinem rhetorischen Kampf gegen den Hauptfeind Karthago und zitiert beflissen den Satz «Carthago delenda est». Diese Aussage, dass das reiche und mächtige Karthago ganz zerstört werden müsse, pflege ich am Schluss einer Rede gelegentlich als ceterum censeo anzufügen. Denn nach meiner Meinung hat der Senat den zweiten Krieg gegen Hannibal auf halber Strecke beendet. Der Nachbar weiss aber nicht, dass diese offenbar zum geflügelten Wort sich mausernde Formulierung eine viel längere Vorgeschichte hat. Ich erkläre ihm kurz, wie ich zu meiner Meinung gekommen bin, und erzähle von meinem eigenen Einsatz im Felde. Er zeigt sich beeindruckt zu hören, dass ich schon mit 17 Jahren gegen Hannibal, als er auf der Höhe seiner Erfolge in Italien war, als Soldat gekämpft hatte. Noch mehr beeindruckt ihn mein Einsatz in Sizilien als Offizier und meine Auszeichnung nach der Schlacht bei Sena Gallica im Jahre 207 v. Chr. gegen die keltischen Senonen an der adriatischen Küste. Prompt komplimentiert er mich zum Wohnhaus zurück und beginnt die dort aufgehängten, fremden Langschwerter zu erklären: «Ich war auch Soldat, wie mein Vater schon. Seit ich als 18jähriger am rechten Bein verwundet worden bin, kann ich leider keinen Kriegsdienst mehr leisten. Immerhin sieht man meinen Beutestücken an, dass ich mich tapfer gegen die Gallier im nördlichen Italien geschlagen habe.»

Die Empfehlung des Nachbarn.

Schliesslich komme ich zu meinem Hauptanliegen zurück und frage Lucius Dentatus, zu welchem Entscheid er mir raten würde. Er empfiehlt den Kauf des Nachbargutes vor allem wegen des guten Bodens und sichert mir spontan seine Hilfe bei der kommenden Ernte zu. Er bestätigt mir, dass dort noch vieles zu tun und bauen sei. Er stelle aber das Vermieten von Arbeitern in Aussicht sowie seine Hilfe beim Bauen durch Bauholz und Zugtiere. Ihm könne es nur recht sein, wieder einen aktiv tätigen Nachbarn zu haben, auch seiner eigenen Sicherheit wegen. Deshalb sage er mir auch den Schutz des Gutes in allfälligen gefährlichen Situationen zu, wenn ich ihm später auch umgekehrt in Notlagen helfen würde. So weit so gut – eine gewisse Skepsis bleibt bei ihm wohl zurück. Immerhin wird ja jetzt durch mich altes Kolonistenland erworben, und es wechselt damit in die Hand eines Ritters. Er getraute sich zwar offensichtlich nicht direkt zu fragen; aber ihm ist wohl bewusst, dass sein eigentlicher neuer Nachbar ein von mir eingesetzter Verwalter werden würde.

Der Kauf des ersten Landgutes.

Nach der Verabschiedung von Lucius Dentatus marschiere ich zum Gasthof an der Strasse zurück. Zu Pferd reite ich anschliessend um das ganze Gut herum. Das Gesehene reicht mir, mein Entschluss steht fest. Deshalb trabe ich noch am Abend nach Neapel zurück. Es ist bereits dunkel, als ich im Nachtlager ankomme. Am anderen Tag geht es wieder zurück auf das Schiff, wo mein junger makedonischer Sekretär wartet. Dieser Chilon ist bereits ein vertrauensvoller Begleiter, dank seiner guten Bildung kann er meine Schreibarbeiten bestens erledigen. Mit ihm gehe ich die ganze Sache noch einmal durch. Insgesamt umfasst das Gut 60 Hektaren. Auf 48 Hektaren stehen circa 5000 Bäume, die über 45 000 Liter Öl ergeben sollten. Die übrigen 12 Hektaren umfassen Weinreben, Kornfelder, Weiden für die Schafzucht und die Arbeitstiere sowie Wald, vor allem Eichenwald für die Holzgewinnung und als Winterweide für Schafe und Schweine. Damit sind die ersten Konturen des Arbeitsplanes angesprochen, die wir gleich notieren: Zwischen den Ölbäumen können – ausser zur Erntezeit – das Vieh und die Arbeitsochsen weiden. Die letzteren müssen nur im Sommer und zur Erntezeit im Stall gefüttert werden. Die Kornfelder können an einen Pächter vergeben werden, dem die Arbeitsochsen gestellt werden. Das Dreschen erfolgt durch den Besitzer, das Mahlen durch uns. Nach der Ährenernte kann das stehen gebliebene Stroh als Einstreu für die Viehställe geschnitten werden. Das gibt zusammen mit dem Kot guten Mist. Dieser kann dreimal im Jahr um die Bäume herum auf die vorher aufgegrabene Erde verteilt werden. Nach der Heuernte sind die Wiesen zu eggen. Das Weideland kann im Winter für fremde Herden gegen Entgelt freigegeben werden, da die eigenen Herden in den Olivenhainen weiden können. Soweit sind wir uns einig; die ganze Sache muss nach unseren Berechnungen aufgehen. Also diktiere ich Chilon schliesslich den Kaufvertrag. Er enthält den Kaufpreis, die genaue Beschreibung des Landes, die Bauten und das übrig gebliebene Inventar.

12. April 198 v. Chr.

Die Auskünfte der Gewährsmänner.
Der Vertrag wird zehn Tage später von den Erben angenommen, die ich sofort auszahlen lasse. Jetzt bin ich also Besitzer meines ersten grossen Landgutes im fruchtbaren Süden unserer Republik. Meine zwei Gewährsleute lasse ich am Nachmittag in mein Haus am Tiber kommen und ausführlich berichten, was jetzt konkret und unmittelbar zu tun sei. Ihre Aussagen stimmen in den folgenden Punkten überein: Grundsätzlich soll der Gutsherr ein Verkäufer sein, kein Einkäufer. Diese Maxime wird zu meiner Hauptdevise: Möglichst wenig kaufen, möglichst viel verkaufen! Zunächst muss aber trotzdem einiges von dem, was fehlt, neu angeschafft werden, damit der noch zu bestimmende Verwalter bald mit der Arbeit beginnen kann. Grundlage aller Tätigkeiten ist ein genauer Bewirtschaftungsplan. Es soll über alle Ausgaben genau Rechnung geführt werden. Sobald die Oliven geerntet sind, muss sofort Öl gemacht werden, damit sie nicht verderben. Auch ist an die grossen Stürme während der Erntezeit zu denken, welche die Oliven herabwerfen. Es sollen so viele Arbeitskräfte zur Verfügung stehen, dass sie rasch aufgelesen und verarbeitet werden können. So wird das Öl besser und grüner. Bleiben aber die Oliven lange auf dem Boden liegen, wird das Öl übelriechend; denn Oliven jeder Art geben gutes grünes Öl, wenn man deren Fleisch nur rechtzeitig quetscht, entsteint und presst. Wichtig ist die Lage und Grösse des Ölkellers. Dieser grosse ebenerdige Raum soll nach Süden orientiert und vor kalten Winden geschützt sein. Denn eine zu tiefe Temperatur im Winter verdirbt das Öl. Der Besitz einer grossen Anzahl Fässer ermöglicht es dem Gutsherrn, mit dem Verkauf des Öls so lange abzuwarten, bis im Laufe des Jahres die Marktpreise gestiegen sind.

13. April 198 v. Chr.

Der Verwalter:
Als erstes suche ich einen Verwalter, einen Vilicus. Er ist die Schlüsselperson für das gute Gedeihen des Gutes. Ich wähle deshalb einen mit der Region Vertrauten. Meine Wahl fällt auf einen Unfreien, der mir aber als sehr vertrauenswürdige Person geschildert wird. Für ihn bezahle ich viel Geld und instruiere ihn genau: Er hat gute Zucht zu wahren. Die Feiertage sind einzuhalten. Das Hab und Gut des Hofes soll er pflegen und nur wenn nötig beim Nachbarn Hilfe holen. Sein Platz ist auf dem Hof und nicht irgendwo sonst. Er hat stets nüchtern zu sein und genau zu gehorchen. Besserwisserei gegenüber dem Gutsherrn wird nicht geduldet. Ohne Befehl des Gutsherrn darf nichts geborgt werden. Die geliehenen Sachen sind sofort nach Gebrauch wieder einzutreiben. Er soll nicht mit vielen Drittpersonen Samen, Dinkel oder anderes tauschen, sondern dies auf zwei oder drei benachbarte Kollegen beschränken. Er hat die Abrechnungen laufend zu führen, darf nichts ohne Wissen des Gutsherrn kaufen und hat alles Wichtige sofort zu berichten. Verboten ist das Hinzuziehen von Vogelflugdeutern, Eingeweideschauern und anderer Scharlatane, die Voraussagen machen. Der Verwalter hat bei der Landarbeit selbst Hand anzulegen, kräftig mit den Arbeitern und Landsklaven zuzupacken und nicht sofort schlapp zu machen. Wenn er all das tut, weiss er, was er den anderen zumuten kann. Diese werden ruhiger mitarbeiten und er selbst wird besser schlafen und gesünder sein. Überhaupt muss er morgens als erster aufstehen und abends als letzter zu Bett gehen, und zwar in sein Bett. Und das Wichtigste: Alle Arbeiten sind im richtigen Zeitpunkt und sofort gemäss dem Wirtschaftsplan auszuführen. Die Landwirtschaft hat es in sich, dass eine zu spät ausgeführte Tätigkeit auf alle späteren Arbeiten nachwirkt. – Für die Belegschaft des Gutes benötige ich neben dem Verwalter und einer Magd nach den Empfehlungen meiner Gewährsleute elf Personen, nämlich 5 Sklavenarbeiter, 3 Ochsenknechte, einen Eseltreiber, einen Schweine- und einen Schafhirten. Dazu kommen 3 Paar Ochsen, 3 Esel mit Geschirren und Pack-

sättel zum Misttragen, ein Esel für die Getreidemühle und 100 Schafe.

Die Zeit drängt: Ankäufe und Beschaffung von Mensch und Tier. Jetzt stelle ich den neuen Verwalter dem Nachbarn Lucius Dentatus vor. Dieser scheint erfreut zu sein, mich wieder zu sehen. Er bittet mich um einen baldigen Besuch, damit er mit mir unter vier Augen über Politik sprechen könne. Dann gehen wir zu dritt alles an Ort durch und bestimmen, was für die Instandstellung der Infrastruktur sofort angeschafft werden muss. Erstens bleiben bis zur ersten Ernte nur noch gut zehn Wochen und zweitens weiss ich nie, wann ich für politische Geschäfte wieder kurzfristig nach Rom abberufen werde. Danach lasse ich durch den Verwalter und gemäss den Ratschlägen des Nachbarn in den nächst gelegenen Städten Suessa, Venafrum und Pompeii das nötige Gerät anschaffen: Taue für die Pressen, je 6 Haspelarme, je 12 Keilbolzen für jede Presse sowie Flaschenzüge. Für die runden Quetschen bestelle ich Ersatzsteine verschiedener Grösse, damit diese die abgenutzten alten falls nötig ersetzen können. Für die Ölverarbeitung wird das Folgende beschafft: Ein 7 Hektoliter grosser Bronzekessel mit Deckel zum Waschen der Oliven mit warmem Wasser, einen starken Dreifuss zum Aufhängen des Kessels, eine kleine Wanne, 2 Ölamphoren, einen grossen Topf, 3 Kellen und einen Wassereimer, 100 Ölfässer, 12 Wannen, je 10 Fässer für Trester, Olivenfruchtwasser und Wein, 20 Fässer für Getreide, 10 Tonnen, eine Abwaschwanne, eine Badewanne, 2 Wasserwannen und zahlreiche Deckel. Für den allgemeinen landwirtschaftlichen Betrieb werden angeschafft: Ein zweihenkliger Topf zum Begiessen der Zugtiere, eine Egge, Mistkörbe, Packkorbpaare für die Esel, je 8 Schippen und Hacken, 4 Spaten, 5 Kratzer, 2 Rechen, 8 Heusicheln, 5 Streusicheln und Baumsicheln, 3 Beile, 3 Keile, 2 Zangen, eine Ofenkrücke und 2 kleine Öfen. Dazu kommen eine Eselmühle und eine Handmühle zum Getreidemahlen, ein kleiner Tisch, 2 grosse Tische, 3 Bänke sowie 6 Flickenmäntel für die Knechte. Für das Wohnhaus kommen dazu: Ein Doppelbett, 4 unten mit Riemen bespannte Betten, 3 einfache Bettgestelle, eine Bank für das Schlafzimmer, 3 Schemel, 4 Stühle und 2 Lehnstühle, ein Leuchter, 8 Matratzen und Laken, 16 Kopfkissen, 10 Decken und 3 Servietten. Das ganze Inventar wird mit Ochsengespannen herangeführt werden. 3 Arbeitsochsenpaare muss ich ebenfalls mit dem Joch, dem Lederzeug und den Geschirren anschaffen. Dazu kommen je ein Wagen und ein Pflug pro Gespann.

Wie der Verwalter Sklaven zu behandeln hat.

Mit dem Verwalter zusammen gehen wir auf die Sklavenmärkte von Suessa und Venafrum auf Einkaufstour. Frühmorgens finden wir uns dort ein, bereits ist ein grosses Kommen und Gehen. Lange Kolonnen von aneinander geketteten zerlumpten Kriegsgefangenen werden auf den Markt geführt. Zunächst suchen wir drei Ochsenknechte aus und finden sie prompt bei dem Händler, der mit Makedoniern handelt. Dann gehen wir zu dem, der meistens frische Punier anbietet. Den grössten Teil der Arbeit in den Olivenhainen will ich durch solche Sklaven besorgen lassen, weil sie die Arbeit in den Olivenhainen von ihrer Heimat her kennen. Dazu nehme ich als Eseltreiber und Hirten bewusst Gallier, damit die Karthager unter den Arbeitssklaven nicht zu stark werden können. Einer der Gallier ist älter und erscheint besonders vertrauenswürdig. Ihn will ich ungefesselt arbeiten lassen, so dass er die anderen im Zaume halten kann. Für alle 13 Stück bezahle ich den drei Händlern zusammen eine schöne Summe. Auf dem Rückweg gebe ich dem Verwalter meine Erfahrungen als verbindliche Weisungen mit: Nach meiner Erfahrung sind unter den Sklaven besonders die Ochsenknechte spezielle Leute. Ihnen ist ihr Wille zu lassen, damit sie von sich aus die ihnen anvertrauten Ochsen gut pflegen. Ich instruiere den Verwalter auch genau, wie er die Arbeitssklaven zu behandeln hat, damit sie auch ihre Leistung bringen: Sie sollen während der Arbeit von Streitigkeiten ferngehalten werden. Ihnen soll es nicht schlecht gehen, sie sollen nicht frieren und nicht hungern, wie es andernorts oftmals vorkommt. Er soll sie durch Arbeit ständig in Bewegung halten, damit sie nicht auf falsche Gedanken kommen und Diebstähle begehen. Wenn sich jemand trotzdem vergangen hat, soll er angemessen bestraft werden. Gutes Verhalten sei hingegen durch Zulagen zu belohnen. Ich sage ihm deutlich, dass ich ihn zur Rechenschaft ziehen werde, wenn er die Sklaven nicht fest im Griff habe.

Zum Olivenanbau.

Mit dem Verwalter komme ich überein, dass er als erstes dort neue Olivenbäume anpflanzt, wo die alten abgestorben sind. Auf dem freien Brachland, das nach Westen abfällt und gut von der Sonne bestrahlt ist, müssen zudem weitere Haine angelegt werden. Er soll die Sorten anpflanzen, die in der Region als die besten bezeichnet werden. Dazu kommen Einmacholiven auf anderen warmen Äckern, Hodenoliven und solche der sergianischen, colminianischen und der wachsweissen Sorten. Auf magerem und weniger besonntem Boden können auch Bäume der licianischen Sorte angepflanzt werden. Der Abstand zwischen den Bäumen beträgt 7.50 bis 9 Meter; denn in dieser Gegend werden die Bäume recht gross und ausladend. Rings um die Olivenhaine und an den Wegrändern sollen Ulmen und Pappeln gepflanzt werden, so dass genügend Laub für die Schafe und Rinder zur Verfügung steht und später auch Nutzholz geschlagen werden kann.

Was auf einem Gut sonst noch zu tun ist.

Dem Verwalter gebe ich mit auf den Weg, was ich von ihm neben dem Olivenanbau auch noch erwarte: Das Halten von Schafen und Rindern, die damit verbundene Hufpflege und das gute Einstreuen im Stall. Der Miststock muss gross sein und darf keine Äste von dem als Streu verwendeten Laub enthalten. Der Mist ist im Herbst zerkleinert auszufahren. Um die Olivenbäume herum ist der Boden aufzugraben, bevor der Mist ausgestreut wird. Als Winterfutter für die Schafe ist rechtzeitig Laub von Pappeln, Ulmen und Eichen zu schneiden und trocken aufzubewahren. Ruten von Ulmen müssen geschnitten und zu Besen gebunden werden. Nach dem Herbstregen sind Rüben, Grünfutter und Lupinen zu säen, auf fettigen und sonnigen Äckern Getreide. Der wilde Spargel ist im Frühjahr zu schneiden.

Das Stadtgut vor den Toren Roms

Ende April 198 v. Chr.

Zurück nach Rom.

Allmählich wird die Zeit reif, wieder nach Rom zurückzukehren, in die Stadt, wohin ich im Alter von 25 Jahren umgezogen bin. Dort wurde ich bereits ein Jahr später zum Quästor in Afrika gewählt. Das war für mich die Gelegenheit, neben meinen Fähigkeiten im Felde mein verwaltungstechnisches Potenzial unter Beweis stellen zu können. Dies gelang mir, allerdings zum Preis von erheblichen Differenzen mit meinem Vorgesetzten, dem weltgewandten Konsul Publius Cornelius Scipio. Schwierigkeiten mit diesem verschwenderischen Lebemann, der als Afrikasieger grossen Ruhm genoss, waren nicht zu umgehen. Durch sein Gehabe verführte er die Soldaten zur Schwelgerei, was ich ihm offen vorwarf. Darauf entgegnete er mir barsch: Jetzt, da ich mit vollen Segeln zum Kriege eile, kann ich einen Quästor, der alles so genau nimmt, nicht brauchen; ich bin dem Staat Rechenschaft über meine Taten, nicht über das Geld schuldig. Dieser Affront hatte Folgen, wir wurden zu offenen Rivalen: Er, der überhebliche langgelockte Adlige und ich, der aufstrebende neue Ritter mit meinem kurzen Haarschnitt. Besonders verletzt hat mich Scipio mit seinem oft kolportierten, gegen mich gerichteten Epigramm

> «Ihn, den bissigen Rotkopf, Porcius, bläulich von Augen
> weiset Proserpina selbst noch von der Hölle zurück».

Damit spielte er nicht nur auf mein ungewöhnliches Äusseres, sondern auch frech auf meinen Geschlechternamen Porcius an, dessentwegen ich in meiner Jugend oft als Schweinehirt verspottet wurde. Das hat mich allerdings nur dazu angespornt, meinen Mann – auch ohne den Rückhalt meines früh verstorbenen Vaters – zu stellen.

Und genau das werde ich jetzt in Rom weiter fortsetzen, wohin ich morgen in aller Frühe aufbrechen werde. Dort sind die höchsten Ämter dieses Staates mein Ziel, auch wenn ich nicht von einer adligen Familie abstamme. Die Adligen haben es viel leichter als die Ritter, weil sie jeweils in die Fussstapfen ihrer Väter und Vorväter treten können. Weil ich als erster der Porcier hohe Staatsämter anstrebe, muss ich meinen ganzen Ehrgeiz einsetzen. Erst meine ungeborenen Söhne und deren Nachfahren werden dann von meinem Aufstieg profitieren können.

Das Stadtgut.

Mein neuerworbenes grosses Stadtgut liegt vor der Servianischen Mauer bei der Porta Lavernalis direkt am Tiber unterhalb Roms. Dort verkehren viele Schiffe. Auch die Strasse nach Ostia führt an meinem Gut vorbei. Die Schmiede des Gutes schliesst unmittelbar an diese Strasse an, die Weiden grenzen direkt an den Fluss und können bewässert werden. Wenn ich nach Norden schaue, sehe ich den Aventin mit den darauf stehenden Holzhäusern. – Auch im Stadtgut ist vieles zu tun, denn diesen Sitz habe ich ebenfalls verlottert erworben. Dazu kommen Schäden durch jüngste Tiber-Überschwemmungen. Andere scheuten den Aufwand der Wiederherstellung, für mich ist dies eine willkommene Herausforderung. Das günstig erworbene Gut ist so gross, dass hier alles realisiert werden kann, was mir vorschwebt: Weiden für das Vieh, Buschwald für Brennholz, Reben für Wein und einen Baumgarten. Dazu kommt eines meiner Steckenpferde, der Anbau einer breiten Palette von Früchten und anderer Esswaren für den Eigenbedarf: mehrere Rebsorten für Trinkwein, für Einmachtrauben in Weinmost und solche, die sich zum Trocknen als Rosinen eignen. Das Trocknen kann in der genannten Schmiede erfolgen. Verschiedene Tafeläpfelsorten sollen dazukommen, nämlich Mostäpfel, Granatäpfel, auch Tafelbirnen und Einmachbirnen. Bei den Oliven gibt es jetzt bereits hodenförmige Oliven zum Einmachen in Salzwasser oder für Paste. Zusätzlich sollen Feigen, Nüsse, Knoblauch und Gemüse aller Art, ebenso Schnittblumen wie Tulpen sowie Lorbeer angepflanzt werden. Weitere Pläne habe ich für eine Handelsgärtnerei, die, wie der

Buschwald auch, rechte Erträge bringen soll. Eine kommerziell betriebene Walkerei gehört ebenfalls zum Gut.

Die Villa urbana des Stadtgutes.

Das Haupthaus des Stadtgutes ist in einem erbärmlichen Zustand, es muss von Grund auf von einem fähigen Baumeister neu gebaut werden. Im Bauvertrag lege ich folgendes fest: Auf das Fundament kommen Pfeiler aus Travertin, die dazwischen liegenden Wände werden ausgefüllt mit Hausteinen und Kalkmörtel. Sie sollen jedoch nicht verputzt werden, wie dies da und dort Mode wird. Ich halte nicht viel von prunkvoll verzierten Privatbauten, Einfachheit ist mir lieber. Dies gilt auch für das Innere. Das Holzwerk soll nicht aus importiertem Zedernholz gemacht werden, sondern aus Holz von eigenen Waldbeständen. Dafür stelle ich dem Baumeister nach alter Väter Sitte eine Säge und eine Richtschnur zur Verfügung. Zum Holzwerk gehören Türschwellen, Türpfosten, Türstürze, Säulen und natürlich das Tragwerk des Daches. Dieses wird mit grossen flachen, mit zwei seitlichen Leisten versehenen Ziegeln gedeckt. Darüber kommen zwischen den grossen Ziegeln jeweils Hohlziegel. Der Lohn für das erstellte Haus rechnet sich wie üblich nach der Zahl der Dachziegel. Um das Gut soll in grosszügiger Weise eine fünf Fuss hohe Hofmauer gezogen werden, wofür ich dem Baumeister das Material übergebe. Den Kalk werde ich in einem auf dem Areal gebauten Ofen selber brennen lassen, der mit meinem Brennholz eingefeuert werden kann. So muss ich weniger Bargeld in die Hand nehmen. Mit dem Bauunternehmer komme ich überein, dass er sofort mit dem Hausbau beginnt, so dass ich in drei Monaten vom vorübergehend bezogenen Haus des Verwalters in das neue eigene Haus einziehen kann. Sobald das Haupthaus fertig ist, sollen auch der Rinderstall, der Pferdestall, die vergitterte Kammer für die Sklaven, zwei Räucherkammern und weitere kleinere Räume neu gebaut werden. Für diese lasse ich nach und nach folgendes anschaffen beziehungsweise einbauen: einen Herd, eine Bronzeplatte, 2 Bronzekessel, 10 grosse Fenster und Gitter, 6 Lichtluken, 3 Bänke, 5 Stühle, 2 Togawebstühle, eine Weizenstampfe, eine Walkstampfe und 2 Keltern.

Sommer 198 v. Chr.

Amors Pfeil traf nicht ins Ziel.

Der kürzlich erfolgte Umzug ins neue Haus vor den Toren Roms fiel mir umso leichter, als ich eine unglückliche Liebschaft hinter mir habe. Diese fügte mir, dem bisher fast alles im Leben glückte, eine tiefe Wunde zu. Das alte Haus innerhalb der Mauern Roms war und blieb verbunden mit der unglücklichen Geschichte um die in meinen Augen schönste Römerin. Dabei begann alles bestens: Ich erwarb zunächst die Gunst der Schönen schnell und wurde darum von den Gleichaltrigen, besonders von den Scipionen, beneidet. Darauf machte ich ebenso schnell vorwärts, wie die Geschichte begonnen hatte. Denn diese Frau konnte als Angehörige einer hoch angesehenen adligen Familie mein Ansehen nur steigern: Ich hielt beim Vater um ihre Hand an. Gegen Sitte und Brauch machte dieser in Rom geachtete, aus einem alten Geschlecht stammende Mann jedoch seine Einwilligung zur Heirat vom eigenen Willen seiner selbstbewussten Tochter abhängig. Offenbar traute er mir, dem kein Blatt vor den Mund nehmenden, ambitiösen Aufsteiger, nicht ganz. Die Tochter begann ihrerseits mit einer klaren Antwort zu zögern. Missfiel ihr meine spartanische Lebensweise oder mein scharfer Geist? Wahrscheinlich war ich doch zu forsch vorgegangen. Oder war ihr etwas von meinem bisherigen Liebesleben zu Ohren gekommen, das meine Gegner als derb und sinnlich beschreiben? Schliesslich zog ich selbst, ungeduldig geworden, vor der Abreise nach Sardinien den Heiratsantrag tief beleidigt zurück. Dieser Schritt löste nicht nur bei jener Familie, sondern auch in mir einen Sturm der Gefühle aus. Diese schmerzliche Geschichte ist mit ein Grund, dass ich mich jetzt mit Vehemenz neuen Geschäften zuwende und sich mein Liebesleben auf die üblichen Besuche von guten Bordellen beschränkt. Wenn die Begierde die Adern schwellen lässt, ist es besser dorthin zu gehen, als fremde Gattinnen zu beschlafen. Zudem habe ich jüngst die hübsche junge Sklavin aus Karthago in mein Haus nachgeholt, die ich in Afrika als Quästor erworben hatte und die mir damals schon nachts zu Diensten stand. Jetzt kann sie sich zudem tagsüber als Magd in meinem Haus nützlich machen.

Über die Haussklaven.

Im Gegensatz zu den Landsklaven verrichten die Haussklaven ihre Arbeit nicht gefesselt; sie haben ihren Status akzeptiert, sonst wären sie eben nicht Haussklaven geworden. In meinem Haus gilt für sie die Vorschrift, dass kein anderes Haus betreten werden darf, ausser sie werden von mir persönlich irgendwohin geschickt. Wird ein Sklave oder eine Sklavin dort allenfalls über mich ausgefragt, darf kein Wort über mich oder mein Haus geäussert werden. Unfreie haben bei mir entweder zu arbeiten oder zu schlafen. Dies gilt mit einer Ausnahme: Weil ich die Erfahrung gemacht habe, dass auch Sklaven um des Liebesgenusses willen zu den grössten Dummheiten fähig sind und so die Arbeitsabläufe stören, verordne ich folgende, von mir selbst ausgeheckte Prostitutionsregel: Sklaven dürfen nach Absprache und gegen eine Abgabe mit bestimmten Sklavinnen Verkehr haben, aber mit keiner anderen Frau. Besonders gegenüber der Sklavenschaft muss alles genau geregelt werden, sonst entstehen unnötige Probleme. So lasse ich solche, die beim Bedienen meiner Gäste Fehler machen, sofort nach dem Ende des Essens auspeitschen. Unser Leitsatz des «divide et impera» lässt sich auch auf die Sklavenhaltung übertragen. Zuviel Eintracht macht die Sklaven in einem Haus zu mächtig. Besser ist, wenn sie untereinander streiten; das kann der Herr durchaus fördern. Bei einem Vergehen eines Sklaven lasse ich dieses von der ganzen Sklavenschaft meines Hauses beurteilen und richte ihn erst dann zu Tode. Das beugt nachträglichen Auflehnungen vor.

Über die Landsklaven.

Neben den Haussklaven sind die Arbeitersklaven besonders wichtig, welche die Landarbeit verrichten. Sie erhalten als Hauptnahrung fertiges Brot. Denn die Gefesselten können nicht selbst mahlen. Das Brot besteht aus Weizen, nicht aus dem besseren Dinkel. Man gibt ihnen im Winter 1,3 Kilogramm pro Tag, sobald sie im Frühjahr mehr Arbeit leisten jedoch 1,6 Kilogramm. Im Frühsommer lasse ich sie Feigen essen und kürze ihnen derweil die Brotration. Man lässt sie auch eingemachte Falloliven verzehren und gelegentlich eingesalzenen Fisch. Zum Trinken bekommen sie täglich 27 Deziliter minderen Wein, im Sommer und während der Ernte mehr, pro Jahr circa 260 Liter pro Mann. Als Kleidung erhält jeder Arbeiter eine grobe kurze Tunika und eine Pelerine jedes zweite Jahr. Die alten Kleider sind jeweils abzugeben, damit daraus Flickenmäntel gemacht werden können, die man nach Bedarf, vor allem im Winter, ausgibt. Alle zwei Jahre erhält jeder Sklave ein Paar Holzschuhe. Im Sommer sollen sie barfuss gehen. Nach der Arbeit werden die Landsklaven im vergitterten Sklavenhaus gemeinsam eingeschlossen und am Morgen vor der Arbeit wieder an den Füssen gefesselt rausgelassen. Meine Sklaven werden zwar hart behandelt, hin und wieder aber auch belohnt. Ich erlaube ihnen beispielsweise selbst zu etwas Geld zu kommen. Erfahrenen älteren Sklaven gestatte ich, oder halte sie sogar dazu an, junge Sklaven auszubilden. Für deren Kauf leihe ich meinen Arbeitskräften zuweilen Geld. Sie besorgen sich dann selbst frische und billige Kriegsgefangene. Die älteren Sklaven wissen selbst am besten, dass ihre jüngsten Genossen, die manchmal kaum ausgewachsen sind – wie junge Hunde oder Fohlen – für Zucht und Erziehung noch empfänglich sind. Nach der mehrjährigen Ausbildung auf dem Landgut können sie für eine gegenüber dem Ankaufspreis mehrfache Summe wieder verkauft werden. Dann bekomme ich meine Investition mit den Zinsen zurück oder ich kann in besonderen Fällen die neue Zucht für mich selbst sichern. Hin und wieder entwickelt sich ein Gefesselter so gut, dass er als Haussklave tätig werden kann. Gewisse Sklaven, vor allem griechischer Herkunft, geben zuweilen recht gute Lehrer ab. Auch ich wurde von einem solchen unterrichtet.

Gute Griechen.

Als junger Redner verehrte ich, wie oben schon erwähnt, den Griechen Demosthenes und erlernte früh die griechische Sprache. Später machte ich aber die Erfahrung, dass die Griechen gegenüber uns prägnanten Römern im Ausdruck zu weitläufigen Formulierungen neigen: Den Griechen kommen die Worte von den Lippen, den Römern vom Herzen. Vom Griechen Nearchos hörte ich, als wir auf einem Feldzug zusammen in demselben Quartier lagen, einiges von der Lehre des grossen Pythagoras. Als Pragmatiker überzeugten mich zwar nicht alle Höhenflüge dieser Gelehrten. Sie unterrichten ihre Schüler so lange, pflege ich manchmal mit Sarkasmus zu sagen, dass sie das erworbene Wissen erst im Totenreich anwenden können. Dennoch nahm ich aber vieles von ihrer Lehre mit in mein Leben. Beeindruckt hat mich, dass der Körper nach Pythagoras das erste Unglück der Seele sei. Diese Erkenntnis stärkt meinen Hang zur körperlichen Ertüchtigung, materiellen Einfachheit und zur Pflege der geistigen Arbeit. Mehr sein als scheinen ist meine Devise! Und etwas anderes habe ich von der Lehre des Pythagoras übernommen: Ohne Geheiss des obersten Herrn darf niemand den Posten verlassen, auf den ihn das Leben gestellt hat. Derart gedenke ich meine Aufgaben zu erfüllen. Das schliesst nicht aus, dass man sich selbst auf bestimmte Posten stellt, was ich durchaus gemacht habe und noch zu machen gedenke.

Schlechte Griechen.

Sonst aber halte ich wenig von der Philosophie der Hellenen, vor allem nicht von ihrer Tendenz zur sophistischen Spielerei. Besonders die griechischen Ärzte missfallen mir, ganz zu schweigen von ihren überheblichen Propheten. Solche treten in Rom immer dreister in Erscheinung. Dies veranlasste mich zum bekannten Ausspruch über den Vogelflugdeuter, der bei einer Begegnung mit seinesgleichen jeweils das Lächeln verbeissen müsse. Solche bissigen Sprüche trugen mir den Ruf eines Gegners des Griechentums ein. Damit kann ich gut leben. Ich empfehle der Jugend zwar, die griechische Literatur anzusehen, sie sollen aber deren Inhalte nicht blind übernehmen und das altrömische Wesen darüber nicht vergessen. Ich bin kein grundsätzlicher Griechenhasser, aber ein römischer Pragmatiker. Wo die Griechen uns nützen, lassen wir sie gewähren, wo sie uns schaden, jagen wir sie fort. Schliesslich haben wir unsere militärische Überlegenheit unter Beweis gestellt; ihre alten stolzen Städte wie Athen und Korinth sind ganz von unserem Wohlwollen abhängig. Und ihre intellektuelle Überheblichkeit treiben wir ihnen auch noch aus.

Rom ist auf dem Weg zur Weltmacht.

Zug um Zug erweitert unser mächtiges Rom seine Stellung. Mittelitalien haben wir von den Etruskern übernommen, von denen meine Familie abstammt. Süditalien und Sizilien wurde den Griechen abgetrotzt. Norditalien mit der fruchtbaren Poebene entrissen unsere Legionen vor kurzem in harten Kämpfen den Galliern. Nördlich davon schützt uns die Alpenkette wie eine Mauer gegen die jenseitigen Gallier. Sonst aber umgibt uns das offene Meer. Deshalb haben wir eine starke Marine, auch zum Schutz der grossen Handelsflotte. Wo grosse Flüsse ins Meer münden, liegt in der Regel ein wichtiger Hafen. Hier ist das Scharnier zwischen Fluss- und Seeverkehr; Warentransporte erfolgen in der Regel zu Schiff. Mit unseren Schiffen griffen wir immer mehr auf die Inseln des Mittelmeeres über. Sardinien und Korsika wurden den Karthagern abgenommen, die früher die Küstenregionen des westlichen Mittelmeeres beherrschten, teilweise auch Sizilien. Auch einen grossen Teil Spaniens jagten wir Karthago ab. In Illyrien, das der Ostküste des Stiefels gegenüber liegt, haben wir bereits Fuss gefasst. Das Mittelmeer ist und bleibt unser wichtigster Expansionsraum. Wir werden so lange kämpfen, bis der Mittelmeerhandel ganz in unserer Hand ist. Starke Konkurrenten sind hier weiterhin das Handelszentrum Karthago mit dem nordafrikanischen Küstenland und Makedonien, das nördliche Griechenland. Hier ist noch weitere Kriegsarbeit zu leisten, die aber erfolgversprechend ist. Denn die Weltlage ist günstig für uns!

Divide et impera – teile und herrsche.

Rom kann allerdings nicht alle Gebiete, die zu Konkurrenten werden könnten, militärisch erobern und dauerhaft besetzen. Das würde unsere Kräfte überfordern und zu viele Besatzungstruppen binden. Deshalb braucht es eine aktive Aussenpolitik und Diplomatie. Hier ist unsere Devise «divide et impera», also teile und herrsche. Konkret heisst das, dass wir in den gefährlichen Randregionen unsere Machtposition so einsetzen, dass dort ein Gleichgewicht der Macht entsteht und nicht eine Partei zu stark wird. Ideal sind zwei nebeneinander bestehende Lager, die sich ungefähr die Waage halten. Wenn sie miteinander streiten, kann uns das nur recht sein. Dann werden sie zusammen nicht zu stark. Auf Dauer könnte dies allerdings ein gefährliches Spiel werden, und wir müssten mal diesem und mal jenem Lager militärisch unter die Arme greifen. Allerdings wird dies so geschehen müssen, dass diese Politik der gezielt eingesetzten Zwietracht nicht durchschaubar ist. Sonst könnten sich Nachbarn gegen uns vereinigen. Diese Politik stösst bei sehr grossen Machtblöcken an ihre Grenzen. Dies ist nach meiner Meinung beim immer wieder erstarkenden Karthago der Fall, hier kommen wir um eine besonders harte Hand nicht herum.

Herbst 198 v. Chr.

Herbst und Winter in Rom.

Die Politik und der Umzug ins neu erstellte Haus halten mich in Rom fest. Deshalb kann ich bei der ersten Olivenernte auf meinem neuen Landgut nicht selbst zugegen sein. Zu viel Hoffnung mache ich mir sowieso nicht, da die Domäne noch nicht instandgestellt ist. Immerhin meldet der Verwalter brieflich bald eine der Erwartung entsprechende Ernte. Er braucht noch diverse Utensilien, die ich ihn mit dem Verkaufserlös des Öles erwerben lasse. Gleichzeitig ermahne ich ihn noch einmal schriftlich, über alle Ein- und Ausgaben genau Buch zu führen, so dass ich beim nächsten Besuch alles nachrechnen kann. Überdies soll er den Winter dazu nutzen, das Gut weiter instand zu setzen und vor allem die Ölbäume so zu schneiden, dass sie wieder in die Breite wachsen. In Rom nutze ich die Zeit für meine Handelsgeschäfte und die politische Hintergrundsarbeit. Für meine weitere Karriere visiere ich ein hohes Amt an. Daneben kommt die private Seite des Lebens im neuen Haus nicht zu kurz. Die punische Sklavin ist allerdings zu vorwitzig geworden. Zudem hat sie unsorgfältig verhütet und wurde schwanger. Aus diesen Gründen liess ich sie verkaufen. Für ein Spitzenamt der Republik wäre es sowieso besser, langsam eine standesgemässe Verbindung vorzubereiten und in eine gute Familie einzuheiraten. Nach meinen bisherigen Erfahrungen lasse ich mir aber Zeit dazu. Mein Liebesleben gestalte sich derweil eher diskret.

Männer, welche einer Frau in der Öffentlichkeit zu nahe kommen – und sei es ihrer eigenen –, halte ich für unschicklich. Diese Meinung äusserte ich auch öffentlich und versah sie mit der beiläufigen Beifügung, dass ich selbst Frauen im eigenen Haus nur nachts bei heftigem Donner lieben würde. Diese Aussage brachte mir viel Kritik ein, der Nachsatz jedoch, ich sei jedoch glücklich, wenn Jupiter donnere, brachte mir ebensoviel Beifall.

Wieder über das Ölgut

Sommer 197 v. Chr.

Der Bau des Kollerhauses mit fünf Keltern und Kollergängen. Wie letztes Jahr reise ich im Sommer und damit vor der Erntezeit auf mein Ölgut, jetzt grösstenteils auf der neuen Landstrasse. Mit dem weiteren Ausbau soll mein Besitz zu einem eigentlichen Mustergut werden. Dies gilt auch für die Bauten. In der Mitte liegt das Herrenhaus, rechts das Lagerhaus und links schliessen das Kelterhaus und der angebaute Ölkeller an. Dieser rechte Flügel muss als erstes neu und grösser gebaut werden, damit die Früchte der erweiterten Anbaufläche verarbeitet und die neuesten Maschinen untergebracht werden können. Ich plane grosszügig: Eine breite Türe in der Mitte führt in das 19,8 auf 15,6 Meter grosse Gebäude, das der Länge nach von einem 6,6 Meter breiten Mittelgang durchschnitten wird. Links und rechts kommen, jeweils versetzt, fünfmal ein sich gegenüberliegendes Paar von je einer Kelter und einer Quetsche zu stehen. Diese Anordnung ist deshalb nötig, weil der jeweils 7,5 Meter lange Kelterbaum der Pressen weit in den Mittelgang hinausragt. Beim Bau bin ich fast stets selbst dabei. Die grossen Teile der Pressen und Quetschen werden aufgestellt, bevor die Mauern hochgezogen werden. Dazu gehören bei den Pressen die beiden Pfostenpaare, welche oben mit einem Rahmen verbunden sind. Dessen Längsbalken werden hinten fest in den Hausmauern verankert. Der Dachstuhl wird massiv bemessen und in der Mitte des Hauses durch zwei Säulen abgestützt. Wenn schwere Teile ausgewechselt werden müssen, kann ein Flaschenzug an den Querträgern des Dachstuhls eingehängt werden. Die grossen Steine der neuen Quetschen kaufe ich in Suessa und lasse sie auf Ochsenwagen herantransportieren. Sechs Leute sind nötig, um sie aufzustellen. Gemäss der Planung wird die ganze Einrichtung Mitte Oktober fertig sein.

Die Vorbereitung der Olivenernte.

Für die Olivenernte muss alles präzis vorbereitet werden, auch das Ersatzmaterial, weil während der Ernte alles sehr schnell gehen muss. Reifen für die Fässer und Weidenruten für die Tragkörbe müssen rechtzeitig geschnitten werden, damit genügend Material vorhanden ist. Viele neue Körbe sind von den Sklaven aus Weidenruten zu flechten. In diesen wird die ganze Ernte zu dem Haus mit den Quetschen und Pressen getragen. Für die Pressen braucht es Ersatzkeilbolzen aus Steineiche, Ulme, Nussbaum oder Feigenbaum. Das Holz wird dauerhafter, wenn man es vor dem Gebrauch in den Misthaufen oder ins Wasser legt. Auch braucht es Ersatzarme für die Haspeln. Diese werden aus Steineiche, Stecheiche, Lorbeer oder Ulme gefertigt. Die Olivenernte soll vor den Herbststürmen einsetzen, welche jeweils viele Oliven zu Fall bringen. Geschieht dies trotzdem, müssen sie rasch aufgelesen werden, damit noch schön grünes Öl gewonnen werden kann. Voraussetzung ist allerdings, dass die Keltern und Quetschen dann schon bereit sind.

Oktober 197 v. Chr.

Das Ernten der Oliven.

Plangemäss sind die Bauten fertiggestellt und damit bereit für die Ernte. Diese beginnt üblicherweise Ende dieses Monats und kann sich bis in den Januar hinziehen. Über den exakten Zeitpunkt des Erntebeginns gehen die Meinungen etwas auseinander. Nach den Erfahrungen meiner Gewährsleute sind die Oliven zu ernten, sobald sie dunkel werden, also zur Reifezeit. Je herber, das heisst je fester und frischer die Oliven seien, desto besser werde das Öl. Dies leuchtet ein. Man darf die Oliven nicht zu früh ernten, weil dann noch viel Säure in der Frucht ist, und nicht zu spät, weil sonst die Qualität des Öls leidet. In diesem guten Jahr kann die Ernte schon im Oktober beginnen. Sie erfolgt durch Ablesen oder

Abstreifen mit den Fingern sowie durch Abschlagen mit langen Stöcken. Hilfsmittel sind dabei Leitern, die, mit Gestellen versehen, ohne Anlehnung aufgestellt werden können. Die geernteten Oliven werden zunächst in kleinen Pflückkörbchen gesammelt und dann in grosse Tragkörbe aus Weidengeflecht umgeleert. Die Landsklaven stehen jetzt im Dauereinsatz und werden unterstützt durch 50 zugemietete Pflücker, die ich mit ihrem eigenen Vorarbeiter angeworben habe.

Der Zeitpunkt der Verarbeitung.

Die gepflückten Oliven muss man schnell verarbeiten, damit sie nicht verderben. Wenn man sie auf dem Hof liegen lässt, faulen sie und ergeben ein übelriechendes Öl. Der Tag nach der Ente oder der übernächste Tag ist der späteste Termin. Man lasse sich hier nicht durch verbreitete Unsitten verunsichern. Die Arbeiter warten gerne zu, bis die reifen Oliven von alleine vom Baum fallen und sie sie nicht abzuschlagen brauchen. Sie behaupten aus reinem Eigennutz, man könne geerntete Oliven durchaus einige Tage liegen lassen, weil sie genau wissen, dass solche Oliven weicher werden und dadurch der Quetsch- und Pressvorgang schneller vonstatten gehen kann. Dies liegt aber durchaus nicht im Interesse des Gutsherrn; denn die Qualität des Öls wird dadurch erheblich beeinträchtigt. Der Meister, der sehr gutes Öl produzieren will, muss unter allen Umständen für eine schnelle Verarbeitung sorgen. Am alten Grundsatz gibt es nichts zu rütteln: Gutes Öl hat eine grüne Farbe. Aus Oliven jeder Art kann noch einigermassen grünes und gutes Öl gewonnen werden, wenn man sie rechtzeitig, das heisst so schnell wie möglich, keltert. Schon der Transport von den Hainen zum Hof muss rasch erfolgen. Pausenlos fahren bei mir die Ochsengespanne hin und her, oft bis in die Nacht hinein. Der Erntevorgang an allen 5000 Bäumen dauert auch so mehr als vier Wochen. Dies ist auf dem Ölgut die härteste Zeit im ganzen Jahr.

Die Entsteinung der Oliven.

Zunächst werden die Oliven im 130 Liter fassenden Bronzekessel in warmem Wasser gewaschen; denn an vielen Früchten klebt noch Mist der in den Olivenhainen weidenden Schafe. Darauf folgt das Quetschen und Entsteinen der reifen Frucht, so dass nur das Fruchtfleisch gepresst werden kann. Denn mit den Kernen gemahlene Oliven geben kein gutes Öl. Viel früher wurden offenbar bei den Griechen die Oliven zwischen Steinen von Hand zerrieben und die Steine herausgelesen. Dann wurden – wie bei den Trauben – die Oliven mit Holzschuhen in grossen Gefässen zertreten. Dies erwähnt in einem Wörterbuch Hesychios: «Die hölzernen Sandalen werden Klapperfüsse genannt, und so auch hölzerne Schuhe, womit man die Oliven austritt». Schon von den Griechen wurden Oliven in Mühlen mit einem Läuferstein gequetscht. Diese Methode wurde vor kurzer Zeit durch eine komplizierte Maschine perfektioniert, die mich besonders fasziniert. Es gibt solche mit einem, zwei oder drei Läufersteinen. Fünf mit zwei Läufern versehene Maschinen neuester Bauart stehen jetzt bei mir. Ein solches Trapetum besteht aus zwei aufrechtstehenden Mahlsteinen, die wie ein Räderpaar kreisförmig auf dem mörserartig zugehauenen Bodenstein um eine senkrechte Achse umlaufen, das heisst kollern. Der Aufwand für das Quetschen ist etwa gleich gross wie für das Pressen. Deshalb braucht es im Kelterhaus, im Torcularium, so viel Quetschen wie Pressen, damit bei der Ernte zügig gearbeitet werden kann. An jeder Maschine arbeiten Tag und Nacht je vier Mann im Schichtbetrieb.

Die Funktionsweise der Quetschmaschine.

Jede der etwa zwei Tonnen schweren Quetschmaschine wird von zwei Arbeitern angetrieben, welche die zu Holmen verlängerte, drei Meter lange Achse mit den beiden Läufersteinen kreisend vor sich herschieben. Um die Olivenkerne nicht zu zermalmen, sind die Ölquetschen so konstruiert, dass die kreisrunden Läufersteine den Bodenstein nicht berühren. Die Läufersteine sind zudem unten nicht wie bei der ähnlichen Kornmühle flach, sondern kegelförmig zugespitzt. Der gleiche Abstand wird allseits auch zwischen den Seitenwänden des mörserartig geformten Bodensteins und der äusseren Seitenfläche des Läufersteins eingehalten. Dasselbe gilt für die flachen Innenseiten der Läufersteine. In der Mitte des Bodensteins steht nämlich ein runder Pfeiler. Somit werden die ganzen Oliven zwischen dem Bodenstein und den umlaufenden Läufersteinen in drei Bereichen gequetscht: unter dem zugespitzten Läufer und dem flachen Bodenstein, zwischen dessen Aussenwand und den Läufern sowie zwischen der zylindrischen Bodenstein-Innenwand und den Läufern. Die Distanz zwischen den Läufersteinen und dem Mörser ist durchweg etwas grösser als das durchschnittliche Mass der Olivenkerne, weil kein zu grosser Druck auf das abzuschmierende Fruchtfleisch ausgeübt werden soll. Denn der mässige Druck auf die Oliven ergibt – wie beim nachfolgenden Pressen – gutes Öl.

Die Justierung der Quetschmaschine.

Beim Trapetum laufen also im Gegensatz zur Getreidemühle die Läufer nicht auf dem Bodenstein ab, sondern die schwebenden Mahlsteinen sind an einer massiven Achse, dem Tummelbaum, aufgehängt. Dieser überträgt das Gewicht der beiden Kollersteine von je etwa 300 Kilogramm auf die Achsen, wo sie auf der Oberfläche des Pfeilers in der Mitte des Mörsers aufliegt. Ein in den Basisstein eingebleiter eiserner Bolzen, eine Art Reibnagel, greift genau in der Mitte in ein Loch des Tummelbaumes ein und hält die Achse damit in der richtigen Stellung. An dieser hängen wie Räder an einer Wagenachse die beiden Läufersteine, die sich – ähnlich einer Waage – gegenseitig ausbalancieren. Die Achse wird als eine Art Freiträger im mittleren Auflagebereich besonders belastet. Hier ist die Achse rechtkantig zugehauen und unten massiv mit Eisen beschlagen. Diese Scherplatte vermindert die Reibung zwischen der Kopfplatte in der Mitte des Mörsers und der drehenden Achse. Auch die Reibung und Abnützung zwischen den Läufersteinen und den Achsenschenkeln wird gezielt reduziert. Die Löcher der Läufersteine sind nämlich mit Eisen ausgebüchst und der Tummelbaum wie eine Wagenachse im Achsenschenkelbereich mit je zwei aufgenagelten Eisenschalen verstärkt. Die

Enden des Tummelbaumes sind durchbohrt, um die Kollersteine mit Vorsteckern in der rechten Position zu halten.

Das Nachstellen der Quetschmaschine.
Die Läufersteine müssen während des Betriebs so eingestellt werden können, dass nirgends Stein an Stein scheuert. Die Distanz darf auch nicht zu gross sein, sonst werden die Oliven nicht gequetscht. Bewährt hat sich die Distanz von etwa einem kleinen Finger. Diese hängt aber auch von der Grösse der Oliven ab, die je nach Sorte variieren kann. Die Läufersteine können nicht dauerhaft in derselben Position eingestellt bleiben, weil die Mühlsteine und die Wanne der Abnützung vor allem durch die harten Olivenkerne unterworfen sind. Die genaue Position der Läufersteine muss also vertikal und horizontal verstellbar sein. Dies geschieht auf der Achse durch eiserne Vorlegescheiben und Stifte. In der Höhe kann die drehende Konstruktion durch hölzerne Unterlegscheiben zwischen Kopfplatte des Mörsers und Scheuerplatte der Achse im Mittelteil erfolgen. Ist der Mörser bereits stark abgenutzt, kann der Pfeiler mit einem Seil eng umwickelt und so die Distanz zu den Läufern verringert werden. Sehr stark abgenützte Kollersteine müssen durch neue ersetzt werden.

Das Fruchtfleisch der Oliven.
Die gequetschte Olivenmasse wird mit den ganz gebliebenen Olivenkernen aus der schmalen ringförmigen Vertiefung des Mörsers mittels spezieller Kratzer aus Eisen entfernt. Die Kerne werden vom Fleisch entweder durch Sieben oder durch Herauslesen von Hand getrennt. Diese Arbeit erfolgt in Mulden aus Holz. Das gequetschte und entkernte Olivenfleisch füllt man zunächst in Holzeimer ab. Wenn es nicht sofort ausgepresst werden kann, kommt das Fruchtfleisch in eine kühle Kammer mit grossen Mulden. Das Fruchtfleisch breitet man auf den darüber liegenden Gittern aus. Die aus dem Fruchtfleisch heraustropfende Flüssigkeit sammelt sich in den Wannen und fliesst durch einen Abfluss ab. (Der Amurca genannte Saft kann bestens weiter verwendet werden, was ich noch beschreiben werde.) Jetzt ist das Fruchtfleisch

bereit zum Pressen. Eine archaische Methode des Pressens bestand früher darin, die mit den Füssen zerquetschte Olivenmasse in Körbe abzufüllen und dann diese Masse mit einem schweren Stein auszupressen. Oder das Pressen von Oliven erfolgte innerhalb eines schweren, aufrecht stehenden Rahmens, wobei der nötige Druck über eingeschlagene Keile erzeugt wurde. All diese alten Techniken werden jetzt auf einem zeitgemäss eingerichteten Hof durch grosse Pressen ausgeführt, welche den Weinpressen sehr ähnlich sind.

Die Presse.

Die bodenebene Kelterplatte weist einen Durchmesser von 1,35 Meter und eine eingemeisselte, kreisrunde Sammelrinne auf. Über der Keltertenne ist die eigentliche Presse aus massivem Holz aufgebaut. Dieses Torculum bekam ihren Namen von unserem Wort für drehen. Gedreht wird an dieser Kelter nämlich der Haspelbaum, die Torkel. In die Haspelachse ist ein Mitnehmer eingezapft, in das ein endloses Seil eingehängt wird. Dieses wird über den starken, einige Meter langen Kelterbaum verbunden und unten wieder über den Mitnehmer geschlungen. Der Kelterbaum wird vorne durch ein hohes Pfostenpaar von je 60 Zentimeter Stärke seitlich geführt. Auf der hinteren Seite wird das hintere zapfenartige Ende des Kelterbaum zwischen ein eng stehendes, hinteres Pfostenpaar eingeführt, welches, wie beim Bau beschrieben, fest in den Boden eingelassen ist. Damit der Zapfen des Kelterbaumes unten und oben zwischen dem Pfostenpaar festgehalten wird, können in die langen Schlitze der Pfosten Keilbolzen eingeschoben werden.

Die erste Pressung.

Das Fruchtfleisch wird wie bei den Weintrauben zunächst in Kelterbeutel abgefüllt. Sie bestehen aus ringförmigen, innen offenen Schläuchen aus grobem Geflecht. Die vollen Kelterbeutel werden dann auf der Grundplatte sorgfältig zu einem Turm aufgeschichtet. Über den langen Hebel des Kelterbaumes wird mittels eines kreisrunden Kelterdeckels von 1,20 Meter Durchmesser, der unten am Kelterbaum festgemacht ist, Druck auf das Pressgut ausgeübt.

Der in Ruhestellung mit einem Flaschenzug zunächst hochgezogene Kelterbaum wird bei der ersten Pressung mit dem Deckel behutsam herabgelassen. Er beginnt beim Pressvorgang langsam den auf dem Keltergut aufliegenden Holzdeckel zu belasten; schon allein durch das Eigengewicht des Kelterbaumes wird so viel Druck auf das Pressgut ausgeübt, dass ölhaltige Flüssigkeit in die Rinne zu fliessen beginnt und durch einen langen Abflusskanal abgeführt wird. Dieser mündet in den seitlich an das Kelterhaus gebauten Ölkeller, der ein tieferes Bodenniveau aufweist, sodass das gewonnene Öl über einen Kanal direkt hineinfliessen kann. Im Ölkeller liegt das 10 Kubikmeter grosse Klärbecken, in dem feste Bestandteile ausgefällt werden. Dann kommt das Öl in einen ersten Trog.

Die zweite Pressung.

Danach wird der Kelterbaum mit dem Flaschenzug hochgezogen und es beginnt die zweite Pressung. Um den Druck auf die Kelterbeutel verstärken zu können, werden Zwischenlagen aus starken runden Brettern zwischen den Kelterdeckel und die Kelterbeutel gelegt. Durch erhöhten Druck wird weiteres Öl herausgepresst. Beim hinteren Pfostenpaar wird zunächst die Distanz zwischen Boden und Kelterbaum verkürzt, weil das Pressgut schon etwas zusammengedrückt ist. Dies geschieht mittels neuer Plazierung der Keilbolzen. Es muss stets darauf geachtet werden, dass der Kelterbaum so eingestellt ist, dass er als Hebel seine grösste Kraft auf das Pressgut entfalten kann. Er soll beim Beginn des Pressens fast waagrecht stehen beziehungsweise etwas höher angeordnet werden. Dann beginnt das Pressen mittels der Winde. Das geschieht durch zwei Arbeitersklaven, welche kurze Holme in die Löcher des Haspels einschieben und damit die Achse herumhebeln. Auf dieser wird das Lederseil langsam aufgewickelt und damit der Kelterbaum nach unten gezogen. Unter Druck fliesst das Öl der zweiten Pressung heraus. Es wird hinter dem Klärbecken in einem zweiten Trog aufgefangen.

Die dritte Pressung.

Darauf folgt die dritte Pressung. Mit dem Flaschenzug wird der Kelterbaum erneut aufgestellt. Hinten werden die Keilbolzen nochmals in eine tiefere Position gesetzt und vorne an der Winde längere Holme eingesetzt, welche mehr Hebelkraft ermöglichen. Unter diesem starken Zug entsteht über den Kelterbaum mehr Druck auf das Pressgut. Jetzt fliesst weiteres Öl aus, allerdings langsamer als bei den ersten beiden Pressungen. Deshalb muss der Kelterbaum durch die Windenhebel an einem Querbalken gesperrt werden können. Diese dritte Pressung dauert von allen dreien am längsten. Alle drei Pressungen werden jedoch an einem einzigen Tag durchgeführt, so dass man etwa 600 Liter Öl gewinnen kann. Der Saft jeder Pressung wird in einen eigenen Behälter geleitet, weil daraus Öle verschiedener Qualitätsstufen und Preise entstehen. Dementsprechend werden die Gefässe angeschrieben. Das teure Öl der ersten Pressung nennt man auch Blume, weil es am besten und frischesten riecht.

Scheiden von Öl und Wasser.

Beim Pressen der Oliven entsteht zunächst eine dicke beige bis bräunliche Flüssigkeit, die aus etwa einem Viertel Wasser und etwa zwei Viertel Öl besteht. Dazu kommen schwimmende, feste Bestandteile der Olive. Sehr wichtig für die Qualität ist die vollkommene Trennung des eigentlichen Öles vom Fruchtwasser und von den das Öl trübenden Teilen, vor allem der Schale. Dies geschieht in verschiedenen Arbeitsgängen. Das Öl, das leichter als Wasser ist, schwimmt, wenn man den Saft im Trog setzen lässt, nach einigen Stunden obenauf. Dieses kann dementsprechend leicht abgeschöpft werden. Dazu dienen Schöpfgefässe und flache Kellen. Das Öl sollte man womöglich zweimal täglich abschöpfen, denn je länger es auf dem Fruchtwasser und den Fleischresten der Oliven schwimmt, desto weniger gut wird es sein. Hier muss der Gutsherr ständig hinterher sein, damit die Sklaven nicht herumtrudeln. Dieser Scheidevorgang ist im kühlen Ölkeller vorzunehmen. Neben diesem liegt ein zweiter grosser Keller, in dem der Trennungsprozess weitergeht. Von dem in das Klärbecken geleiteten oder geschöpften Saft wird ein zweites Mal das (reinere) Öl abgeschöpft. Dieses kommt in grosse Vorratsgefässe mit einem Inhalt von 655 Liter. Im neuen Vorratskeller habe ich 100 davon aufstellen lassen, die sich jetzt nach und nach füllen.

Die zweite Ernte ist ein Erfolg.

Mit der Ernte auf meinem neuen Gut bin ich schliesslich zufrieden; ich komme nach fast 100 Tagen Arbeit auf 60 000 Liter Öl. Meine Planung und das Material haben sich also bewährt, die eingekaufte Mannschaft hat gut gearbeitet. Jetzt weiss ich recht genau, wie man rechnen muss: Pro 15 Hektar mit Ölbäumen bestandene Fläche braucht man ungefähr eine Kelter und eine Quetsche. Wenn auf einer Fläche von 15 Hektar etwa 1500 Bäume stehen, ergeben sich 15 000 Liter Öl. Jeder ältere Baum liefert durchschnittlich 8 bis 10 Liter Öl. Die Voraussetzung dafür ist eine erhebliche Investition in die Infrastruktur. Hat man zu wenig Quetschen und Pressen, können die Oliven nicht zum richtigen Zeitpunkt verarbeitet werden. Ein erheblicher Risikofaktor bleiben die Arbeitskräfte. Alles scheitert, wann man nicht rechtzeitig für genügend Pflücker sorgt und für Arbeiter, die das Quetschen und das Pressen unterstützen. Dafür braucht es auf dem Hof mindestens eine doppelt so grosse Mannschaft wie in üblichen Zeiten. Diese hat auch das arbeitsaufwendige Scheiden des Öls vom Fruchtwasser zu bewältigen. Schliesslich muss das Öl noch in Amphoren zu 26 Liter Inhalt abgefüllt werden, das ergibt pro 15 Hektar Fläche mehr als 700 Amphoren. Mein Gut ist ja 60 Hektar gross, also ergibt das ein Total von 2500 Amphoren. Öl, das länger auf dem Landweg transportiert werden muss, füllt man meist in Schläuche ab. Weit über 100 Fuhren werden in den nächsten Monaten vom Hof abgehen. Das allerdings kann nach und nach erfolgen. Ich kann jetzt mein Öl dank des grossen Vorratsraumes so lange hier zurückbehalten, bis die Preise angestiegen sind und muss nicht wie andere unmittelbar nach der Ernte die Ware veräussern. Länger als ein Jahr kann man allerdings mit dem Verkauf beim Öl nicht zuwarten.

Lucius Dentatus staunt.

All das führe ich nach Abschluss der Ernte am Tag vor meiner Abreise Lucius Dentatus vor. Er staunt über das Erreichte und fasst noch mehr Vertrauen zu mir, als er schon hatte. Dieser redliche Mann wird mir immer sympathischer. Ich lade ihn zum Abendessen ein. Unter vier Augen berichtet er mir freudig von der Schwangerschaft seiner Frau, auf die er lange gewartet habe. Danach sprechen wir unter Männern über Politik, vor allem über die Fortschritte in den neuen Provinzen Roms. Er hört mir aufmerksam zu und stellt geschickte Fragen, die von einem wachen Geist zeugen. Dieser Mann könnte ein guter Freund werden. Wir verstehen uns, jeder auf seine Art, und achten uns. Das kann ich nicht von allen behaupten, die meinen Umgang suchen. Einen Vergnügungssüchtigen musste ich kürzlich einmal mit folgendem Ausspruch von mir halten: Unmöglich kann ich mit einem Menschen leben, dessen Gaumen mehr Empfindung hat als sein Herz. Bei Lucius Dentatus scheint genau das Gegenteil der Fall zu sein.

Das Weingut in Kampanien

Dezember 197 v. Chr.

Der Kauf des Weingutes als weitere Herausforderung.
Es gibt einen Unterschied zwischen eilen und hasten. Wer eines nach dem anderen rasch durchführt, der eilt; wer vieles auf einmal anfängt und nichts zustande bringt, der hastet. Nach diesem Grundsatz habe ich mir für den Kauf des zweiten Gutes Zeit gelassen. Es geht schnell genug, wenn es gut genug geht. Mittlerweile bin ich 37 Jahre alt geworden. Immer wieder hielt ich während der letzten Monate in der Umgebung des Ölgutes Ausschau nach einem ertragreichen Weingut. Diese Gegend hier ist eine der besten für guten Wein. Dieser wird in alle Welt exportiert, sogar in ferne Länder, und bringt gutes Geld. Der Weinbau ergibt von allen landwirtschaftlichen Tätigkeiten den höchsten Gewinn, nämlich einen Kapitalertrag von circa 18 %. (Das Ölgut bringt mir derzeit eine geringere Rendite). Wieder ist die Auswahl von zum Verkauf stehenden Gütern gross, noch immer liegt die Landwirtschaft in dieser Region am Boden. Erneut mache ich mich auf eine Besichtigungstour auf, jetzt begleitet von meinem Freund Publius Priscus aus Pompei. Er ist wie meine Familie etruskischer Herkunft und hat ein besonders schönes Gut im Süden des Ölgutes ausfindig gemacht. Es ist etwa halb so gross wie das Ölgut und umfasst 25 Hektar. Diese Grösse scheint mir richtig, ist doch Weinland noch erheblich arbeitsintensiver als Ölhaine. Das Weingut liegt an einem sanft geneigten Südhang. Allerdings ist auch dieses verwildert, die Reben wurden seit Jahren nicht mehr geschnitten. Viele Stöcke müssen neu gepflanzt werden. Dies schreckt mich vom Kauf nicht ab, habe ich mittlerweile doch vom Stadtgut und den Ölhainen her hinlänglich Erfahrung, wie man so etwas wieder herstellt.

Erste Arbeiten auf dem Weingut.

Nachdem ich auch auf dem Stadtgut einen Verwalter eingesetzt habe, kann ich länger auf dem Weingut zum Rechten sehen. Etwa zwei Drittel des neu erworbenen Landes sind mit Wein bepflanzt, der Rest mit Kornfrucht für die Nahrung der Arbeitskräfte. Dazu kommen Anbauflächen für Tierfutter, Wiesen und Weiden sowie ein kleines mit Schilfrohr bestandenes Grundstück. Aus den Stangen macht man die Gestelle, an denen sich die Reben hoch ranken, mit geschälten und gewässerten Weidenruten werden die Äste festgebunden. Zunächst gehe ich hier gleich wie beim Ölgut vor: Nach dem Einstellen des Verwalters, eines unfreien, aber erfahrenen Mannes aus Pompei, folgt der Ankauf der nötigen Geräte und Arbeitskräfte. Als Mannschaft werden 14 Sklaven angeschafft. Hier ist der Markt besonders gut, jüngst wurden 5000 Makedonier ins Land gebracht. Ich besorge mir also 10 Landarbeiter, einen Ochsenknecht, einen Eseltreiber, einen Gärtner für die Weiden und Röhrichte sowie einen Schweinehirten. Mit dem Verwalter lege ich den Bebauungsplan fest und gebe ihm die Termine vor, so dass die praktische Arbeit umgehend an die Hand genommen werden kann.

Das Pflanzen der Weinstöcke und die Pflege der Spalierbäume.

Zunächst werden die alten, noch brauchbaren Stöcke geschnitten und hochgebunden. Die jungen, zugekauften Weinstöcke setzen die Arbeiter danach in Furchen und binden die zarten Schosse an Stecken hoch. Diese ist die erste Art der Anpflanzung. Die zweite Art sind die erwähnten Spalierbäume, die an Gestellen aus starkem Schilfrohr fixiert werden. Die Reben werden an diesen Gitterwänden möglichst weit in die Höhe gezogen und so geschnitten, dass die Äste oben im rechten Winkel vom Hauptstamm abgehen, nicht schräg. Man soll nicht zu viele Äste stehen lassen. Die Reben müssen gut mit Augen besetzt sein und dürfen nicht zu satt geschnürt werden. Einige Schosse müssen zum Boden zurückgeführt und in die Erde eingegraben werden. Zwei Jahre später kann man diese von den alten Weinstöcken abschneiden. So gewinnt man neue Stöcke. Der Boden um die Weinstöcke wird gepflügt. Hier kann Klee gesät werden. Die Weinstöcke müssen mit Mist gut gedüngt werden. Sobald die Spalierbäume Laub haben, kann man mit dem Entlauben beginnen. Die neuen Äste sind laufend hochzubinden, damit sie nicht abbrechen. Wenn die Trauben reif und bunt werden, muss man die Äste unterstützen und weiter so entlauben, dass die Trauben von der Sonne bestrahlt werden. Um die Stämme herum soll gejätet werden.

Die Ausstattung des Weingutes.

Dem Personal des Weingutes, dem Verwalter, der Verwalterin und den 14 Arbeitskräften, stehen zwei Ochsen, zwei Esel für die Wagen und ein Esel für die Mühle zur Verfügung. Dazu kommen zwei Wagen, zwei Pflüge mit den nötigen Jochen und Geschirren sowie Packkörbe für die Esel. Im Kelterhaus stehen drei Pressen. An Vorratsgefässen gibt es vor allem grosse Tonnen aus Ton für mehrere Ernten Wein, 20 Tonfässer zur Aufbewahrung des Tresters und ebenso viele für Getreide. Dazu gehören die notwendigen Deckel, 6 Gefässe à 13 Liter, 4 mit Gras umflochtene Amphoren à 26 Liter, 2 Trichter, 3 Weinsiebe, 3 andere Siebe und 10 Mostkrüge. An Werkzeugen sind vorhanden 5 Binsensicheln, 6 Waldsicheln, 3 Baumsicheln, 5 Beile, 4 Keile, 2 Pflugschare, 10 Schippen, 6 Spaten, 4 Kratzer, 2 Rechen, 5 Mistkörbe, 40 Rebmesser, 10 Sicheln, 2 kleine Öfen, Zangen und Rechen sowie zahlreiche Körbe, Holzeimer, Holzspaten und Holztröge. Dazu kommt ein Kochkessel aus Bronze mit Deckel à 5 Liter sowie ein Eisengestell und ein weiterer Kessel. Auf dem Hof stehen dem Gesinde eine Getreidemühle und 6 Flickenmäntel zur Verfügung. Im Wohnhaus besteht das Inventar aus Wasserkrügen, Schüsseln, Nachttöpfen, Bidet, Wassereimer, Schälchen, Kellen, Leuchtern, Geschirrschrank, Kleidertruhe, 4 Betten, 6 langen Bänken, 2 Tischen, einem Tischchen, einem Rad für den Ziehbrunnen, einem Hohlmass, einem halben Hohlmass, einer Abwaschwanne, einer Badewanne und anderen Gefässen. Dazu kommen 4 Matratzen, 4 Laken, 6 Kopfkissen, Decken und 3 Servietten. Vieles von diesem Inventar musste neu angeschafft werden.

Das Versetzen von Bäumen.

Auch das Weingut soll ein Mustergut werden. Deshalb ist es nötig, zahlreiche Bäume und Pflanzen zu versetzen, nämlich Ulmen, Feigenbäume, Obstbäume, Kiefern, Zypressen und auch Weinstöcke. Diese sind mit den Wurzeln und viel Erde auszuheben. Der Wurzelballen wird jeweils umwickelt und in einem Holzeimer oder Korb weggetragen. (Bei Wind- und Regenwetter sollen die Bäume nicht ausgegraben werden.) Am neuen Ort wird die am alten Standort oben abgetragene Erde auf dem Grund der Grube ausgebreitet. Darüber kommt der Erdballen mit dem Wurzelwerk zu liegen. Nachher deckt man das ganze mit Erde zu und stampft diese mit den Füssen gut fest, zuletzt auch mit Handrammen und Stösseln.

Erkundigung in Pompei.

Gegen Jahresende verlasse ich das Weingut und gehe für zwei Tage nach Pompei. Diese kleine Stadt liegt bekanntlich auf einem Hügel bei der Sarnomündung. Von weitem ist die ansehnliche Stadtmauer zu sehen, welche zur Zeit, als Hannibal in unser Land einfiel, angelegt wurde. Durch das neue Rom-Tor gehe ich an den Torwächtern vorbei Richtung Stadtmitte. Viele unverständliche lokale Sprachen hört man auf dieser belebten Strasse, aber auch etruskisch und griechisch. Nach fünf Minuten stehe ich bereits auf dem langrechteckigen Forum, das wie üblich auf dem höchsten Punkt der Stadt angelegt wurde. Daneben stehen die Haupttempel; sie sind nicht römischen Göttern geweiht, sondern den griechischen Gottheiten Apollo, Athena und Herakles. Nach einem kurzen Rundgang suche ich die Villa meines Freundes auf, die etwas ausserhalb der Stadtmauer, an der Strasse nach Herculaneum liegt. Ausserhalb des gleichnamigen Tores komme ich an Grabanlagen vorbei und stehe nach zehn Minuten vor dem Tor der grossen Villa. Das Eingangstor wird auf mein Klopfen hin von einer Sklavin geöffnet. Ich werde am vorderen Hausteil, wo die Bediensteten tätig sind, vorbeigeführt und in ein schönes neues Atrium geleitet. Dort empfängt mich Lucius Publius Priscus, den ich als Soldat bei der Schlacht bei Sena Gallica kennen gelernt hatte. Er wirkt auf mich jetzt recht nobel in seinem feinen Gewand, das seinen dicker gewordenen Bauch nur schlecht verdecken kann. Nach dem Austauschen der üblichen Höflichkeiten komme ich zur Sache: Ich bin besonders an der Besichtigung des neuen Kelterhaus im vorderen Hausbereich interessiert. Diesen neuen Raum zeigt mir der Besitzer gerne, aber ohne Begeisterung. Es ist ein grosser hoher Raum mit einer Mittelsäule. Darin stehen zwei grosse, meinen Ölpressen ähnliche Weinkeltern, mit denen die Trauben aus den Weingärten dieses Vorstadtgutes verarbeitet werden. Der Raum selbst weist drei Niveaus auf. Zuoberst stehen die Pressen, seitlich führt der Wand entlang eine gemauerte Rinne, welche in einen daneben liegenden Raum mündet, wo der Weinsaft in grossen Gefässen aufgefangen wird. So ähnlich gedenke ich im nächsten Jahr das Kelterhaus auf meinem neuen Weingut einrichten zu lassen.

Das Gastmahl im neuen Triclinium.

Am Abend geniessen wir eine reiche Tafel im Speisezimmer, welches auf der unteren Seite des Atriums liegt. Der Raum ist nach der neuesten Mode mit bunten Rechtecken ausgemalt, die eine Steinverkleidung vortäuschen. Mein Freund scheint auf diesen neuen Raum besonders stolz zu sein; mir allerdings ist solcher Luxus eher zuwider, lieber ist mir ein gutes Mahl. Dieses wird hier nach der neuesten Sitte liegend eingenommen. Drei Liegen stehen U-förmig angeordnet im Raum. Zum Essen ist noch ein weiterer Gast geladen, eine etwas hochnäsige, feiste Lokalgrösse, die von Staatsaufträgen lebt. Dieser begrüsst mich als Politiker aus Rom überfreundlich. Drei junge hübsche Sklavinnen reichen uns häppchenweise die Speisen und füllen ständig die Becher nach. Der Wein ist schwer und gut. So tafeln wir Stunde um Stunde. Mir mundet besonders das Hasenfleisch aus dem Leporarium des dritten Gastes. Dieser erzählt weitschweifig vom Hasengarten in der Umgebung seiner Villa, von seinen anderen Besitztümern und von seinen guten Geschäften mit Magistraten. Damit fordert er mich ohne es zu merken heraus. Etwas scheinheilig gebe ich zunächst Kommentare über die schlechten Amtsinhaber Roms zum besten:

Ehre haben sie sich gekauft, ihre Untaten aber haben sie durch gute Taten nicht losgekauft. Und ich spreche offen von Unternehmern, die die Staatsdiener zur Korruption verleiten. Er reagiert nicht, entweder weil er den Seitenhieb nicht erkannt hat, oder schon zu betrunken ist. Freimütig und naiv plappert er weiter über seine faulen, aber einträglichen Geschäfte. Jetzt lege ich noch mit der Sentenz zu, dass normale Diebe an privatem Eigentum ihr Leben in Fesseln und in Fussschellen verbringen, die Diebe am Staatseigentum aber in Gold und Purpur leben würden. Jetzt wird es dem Gastgeber offensichtlich zu mulmig, weil er es mit dem Dicken nicht verderben will. Also versucht er das Gespräch in eine andere Richtung zu lenken und fragt, ob sich die Sklavinnen zu uns legen sollen. Der Dickwanst blitzt mit den Augen, ich lehne dankend ab. Nicht weil mir dazu die Lust fehlen würde, sondern weil ich so etwas gerne unter vier Augen tue. Schliesslich ziehe ich mich zurück ins Gästezimmer und schlafe danach bestens; denn ich weiss: Der Hase bringt viel Schlaf dem, der ihn isst. Am anderen Tag schiffe ich so früh wie möglich nach Rom ein. Meine Landgüter sind mir wichtig, noch wichtiger ist mir jedoch die politische Karriere.

Mein Amt als Konsul und der Feldzug in Spanien

Jahreswechsel 197/196 v. Chr.

Winter in Rom.

In Rom wohne ich seit dem Jahre 210 v. Chr., also seit 13 Jahren. Dort bahnt sich jetzt einiges an. Zunächst suche ich meine politischen Freunde auf, um mir ein genaues Bild über die derzeitigen Kräfteverhältnisse im Senat machen zu können. Dabei bestätigt sich das, was ich vermutete: Die Senatoren machen sich bereits Gedanken über die Namen der neuen Konsuln. Mit meinem besten Freund, Lucius Valerius Flaccus, der gegen die Gallier in Oberitalien gekämpft hatte, schmieden wir einen gemeinsamen Plan. Lucius Valerius Flaccus' Vater Publius hatte seine Felder neben denen meines Vaters. Dieser Adlige hatte mich schon als Jüngling gefördert; denn er hatte von seinen Sklaven gehört, dass ich auf dem Feld im Winter im ärmellosen Kleid, im Sommer nackt wie die Knechte arbeiten würde. Also empfahl er mir, mich um mein erstes Amt in Rom zu bewerben. In jener Zeit wurde sein Sohn mein vertrauensvoller Freund. Wie unter uns vereinbart, werden nacheinander die wichtigsten Schlüsselpersonen bearbeitet. Mein Freund knöpft sich unter denselben die Adligen vor, ich die anderen Einflussreichen. Mich unterstützt vor allem der in Rom hoch angesehene Fabius Maximus, den ich wegen seiner einfachen Lebensführung sehr bewundere. Er rät mir, nicht zu offensichtlich als Kandidat aufzutreten, er würde mich schon zum richtigen Zeitpunkt portieren.

Die Ausstattung des neuen Kelterhauses auf dem Weingut.
Diesen Frühsommer reise ich direkt auf das Weingut, weil hier mehr zu tun ist als auf dem schon hergerichteten Ölgut. Auf dem Weingut muss vor allem das Kelterhaus wieder hergerichtet werden; denn die nächste Ernte steht vor der Tür und muss schnell verarbeitet werden können. Ich lasse deshalb das alte Presshaus nach dem Vorbild des in Pompeii Gesehenen einrichten. Drei Keltern werden aufgebaut. Sie sind fast identisch mit den Ölpressen, aber rund 60 Zentimeter höher, weil das Pressgut bei der Weingewinnung höher aufgeschichtet wird. Dazu beschaffe ich drei Ersatz-Kelterbäume und einen Ersatz-Haspelbaum. Wenn etwas während der Erntezeit brechen sollte, werden wir keine Zeit haben, auf den Transport des Ersatzmaterials zu warten. Zum benötigten Material gehören: Keltertaue, Hubtaue und Flaschenzüge, drei grosse Gefässe, 40 Haspelarme, 40 Keilbolzen, 6 Keile, 10 Holzeimer und ebensoviele Holzspaten und 5 eiserne Kratzer. Überdies braucht es für den Betrieb und für die Mannschaft folgendes Inventar: einen Wasserkrug, einen Bronzekessel, 3 eiserne Haken, eine Bronzeplatte, Siebe, ein Beil, eine Bank, eine Weintonne, einen Schlüssel für die Kelterei, ein Bett mit Bettzeug für die beiden freien Aufseher, viele Kelterbeutel, Lampen und eine Leiter.

Die erste Ernte auf dem Weingut.
Vor der Ernte werden die Pressen gewaschen, die Tragkörbe ausgebessert und geteert und die Fässer verpicht. An Regentagen werden neue Lesekörbchen geflochten und die alten ausgebessert. Genügend Proviant wird vorbereitet, nämlich Dinkel gemahlen, getrockneter Fisch eingekauft und es werden Falloliven eingesalzen. Die Weinlese beginnt Anfang September. Jeder Arbeiter erhält ein Rebmesser. Zunächst werden frühreife Trauben geerntet, damit die angeworbenen Taglöhner während der Ernte Vorlesewein zu trinken haben. Ab Anfang September arbeitet während einiger Wochen die ganze Mannschaft hart. Die grossen Weidenkörbe voll reifer Trauben werden von den Ochsengespannen ins

Kelterhaus gefahren. Dort erfolgt während des ganzen Tages das Pressen in den neuen Keltern. Die Trauben werden zunächst in Kelterbeutel abgefüllt und aufgeschichtet. Dabei fliesst zunächst süsser Most heraus, noch mehr unter den Füssen der Keltertreter. Dieser bessere Most wird separat abgefangen, um später zu Weinsirup eingedickt werden zu können; durch Kochen kann derselbe auf die Hälfte oder sogar auf einen Drittel des Volumens reduziert werden. Der normale Saft, aus dem der Wein gemacht wird, entsteht durch Druck des Kelterbaumes auf die Kelterbeutel und wird in grosse Becken geleitet. Mit einer Weinpresse können an einem Tag 1000 Liter Saft gepresst werden. Dafür braucht es 3000 Kilogramm gestampfte Trauben.

Die Gärung und der fertige Wein.

Den Weinmost lässt man anschliessend in grossen Tongefässen gären, bei bestimmten Weinsorten mit Hilfe von Hefe. Die aufperlende Kohlensäure nimmt Hefeteilchen mit empor, die sich am Fasshals absetzen. Diese müssen ständig abgewischt werden. Der gärende Wein wird lose zugedeckt, einerseits damit er nicht umschlägt, und andererseits um die Säure entweichen zu lassen. Nach 30 Tagen kann der neue Wein abgezogen und in die bereit gestellten Amphoren abgefüllt werden. Das Gut ergibt rund 10 000 Liter Wein pro Jahr, also rund 400 Amphoren. Etwa 4 Prozent ist für den Eigenbedarf reserviert. Der Rest ist zum Verkauf in den folgenden Jahren bestimmt. Mit dieser Ernte habe ich mein erstes Ziel auf dem Weingut erreicht und kann nach Rom zurückreisen.

195 v. Chr.

Mein Amt als Konsul.

Es ist soweit, das Jahr 195 v. Chr. wird in meinem politischen Leben zum Höhepunkt. Denn ich werde durch den Senat zum Konsul gewählt, zusammen mit meinem unzertrennlichen Freund, Lucius Valerius Flaccus. In meiner Dankesrede gebe ich eine erste Stellungnahme ab und positioniere mich: Öffentlicher Ruhm ist für mich neu, nach Taten und Verdiensten meiner Vorväter bin ich aber von uraltem Geschlecht. Mit dem neuen Amt ist eine hohe Verantwortung verbunden, was ich bald zu spüren bekomme. Per Los werde ich beauftragt, in der Provinz Spanien für Ruhe und Ordnung zu sorgen, weil sich dort Aufständische gegen unsere Besatzungsmacht wehren. Das bedeutet für mich den Abschied von meinen Gütern für eine längere Zeit. Gut, dass ich vorgesorgt habe und mittlerweile auf allen drei Gütern die Verhältnisse geregelt sind. Der Senat teilt mir eine Armee von zwei Legionen und 15 000 Mann Bundesgenossen zu sowie eine Flotte von 25 Kriegsschiffen. Im Winter steche ich vor dem Ausbruch der Frühjahresstürme in See. Nach dem Ausschiffen des Heeres wird zunächst ein festes Lager bezogen. Dann beginnt die weitere Schulung der Soldaten.

Der Feldzug in Spanien.

Schliesslich kann ich die erste Schlacht gegen die Einheimischen wagen. Wie früher trage ich meine Waffen auf dem Feldzug weiterhin selbst. Dieser beginnt mit einer Nachtaktion. Ich führe unsere Truppen in den Rücken des Feindes, ein Scheinangriff führt zum Ausrücken einer grossen Zahl des Gegners aus dem geschützten Lager. Jetzt werden Reitertruppen auf beiden Flügeln vorgeschickt. Ich selbst setze mich auf dem rechten Flügel ein, wo wir am schwächsten sind und prompt auch unsere Linien in Schwierigkeiten kommen. Zwei Kohorten lasse ich den rechten Flügel umgehen und mit Fernwaffen den Spaniern in den Rücken fallen. Jetzt müssen sie sich an mehreren Fronten verteidigen. Das gibt mir die Gelegenheit, unsere rechte Flanke wieder zu ordnen. Bei Tagesanbruch tobt der Kampf Mann gegen Mann mit dem Schwert. Erst jetzt lasse ich unsere zweite Linie in den Kampf eingreifen. Wie die Gegner das merken, setzen sie zur wilden Flucht in ihr Lager ein. Das aber habe ich vorausgesehen und kann deswegen unsere zurückbehaltene Reserve genau in diesem Augenblick zur Eroberung des Lagers einsetzen. Meine Taktik geht auf, der Gegner unterliegt. Der Sieg ist so durchschlagend, dass sich mir alle aufständischen Stämme schmachvoll unterwerfen. Da und dort formiert sich jedoch kurze Zeit später neuer Widerstand, weitere kleinere Schlachten folgen. Aber auch diesem Druck halte ich stand. Nach einigen Monaten kann ich die Wiederherstellung der Ordnung im diesseitigen Spanien nach Rom vermelden. Ich habe in Spanien mehr Städte erobert, als ich dort Tage verbrachte. Schliesslich regle ich die Abgaben Spaniens aus den Eisen- und Silbergruben so, dass Rom fortan enorme Summen einnimmt. Nach all diesen Taten kann ich mit einem Triumph in Rom rechnen. Dies jedoch wird dort von einem mächtigen Mann hintertrieben.

Mein Feind, der grosse Scipio.

Scipio Africanus, der als grosser Afrikasieger in Rom hoch geschätzt wird, will meinen Triumph verhindern. Mit ihm und seiner adligen Familie hatte ich bereits andere Konflikte ausgestanden. Dieser Mann will jetzt meine Erfolge in Spanien schmälern und hat sich einen entsprechenden Plan ausgeheckt. Er lässt sich zunächst durch den Senat als Nachfolger in der Statthalterschaft Spaniens einsetzen, weil er hier meine Früchte ernten will. Obwohl er so rasch wie möglich hier eintrifft, führe ich mein Werk zu Ende. So unterwerfe ich noch schnell das Volk der Lacetaner mit fünf Kohorten Fussvolk und 500 Reitern. Dies gelingt mir auch deshalb, weil ich zur Abschreckung kurzerhand 600 Überläufer hinrichten lasse. Das wiederum gibt Scipio die Möglichkeit zur scheinheiligen Kritik. Diese schmettere ich jedoch ab mit der folgenden, maliziös formulierten Replik: So wird Rom wohl am grössten werden, wenn die grossen und vornehmen Herren den Geringeren den Preis der Tapferkeit nicht zubilligen und nicht zulassen, dass kleine Leute, wie ich selbst, sich an Tapferkeit am Adel messen können. Dieser Spott wirkt, der Senat bleibt auf meiner Seite. Scipio kann mir also meine Taten nicht streitig machen. Es kommt zu einem riesigen Triumphzug durch Rom mit mir an der Spitze. Meine Soldaten führen ihre grosse Beute vor, und jeder erhält von mir noch ein Pfund Silber dazu. Meine persönliche Beute besteht in dem, was ich in Spanien gegessen und getrunken habe. Ich wetteifere lieber um Tapferkeit als um Reichtümer. Scipio schliesslich bleibt nur die wenig spektakuläre Aufgabe der Konsolidierung der Verhältnisse in Spanien, wie ich sie geschaffen habe.

Rückblick.

Die Zeit als Konsul geht in diesem Jahr vorbei. Ich habe mich durch die Würde des Amtes nicht wie andere verführen lassen. Stets trank ich den gleichen Wein wie die Mannschaft und habe ich auf teure Kleider rigoros verzichtet. Mein Pferd, das ich in Spanien als Konsul ritt, habe ich dort zurückgelassen, um dem Staat nicht das Fährgeld berechnen zu müssen. Andere stufen meine zur Schau getragene Bescheidenheit anders ein und werfen mir vor, doch nicht ganz der Alte geblieben zu sein. Sie meinen, dass ich mich auch langsam den Lockungen dieser Welt ergäbe und jedenfalls schamlos Eigenlob pflegen würde. Wie auch immer, Kritik bin ich gewohnt. Von bitteren Feinden kann man oft mehr lernen als von angenehmen Freunden, die ersteren sagen oft die Wahrheit, die letzteren niemals. – Jetzt habe ich wieder die nötige Musse, nach den Gütern zu sehen. Ich gedenke nicht, stillzusitzen. Denn das Menschenleben ist beinahe wie Eisen. Wenn du es nicht rasten lässt, nützt es sich ab; wenn du es rasten lässt, bringt es der Rost dennoch um. Anstrengungen nützen zwar auch Menschen ab; wenn du dich aber nicht anstrengst, richten Nichtstun und Trägheit mehr Schaden an als Übung. Nach diesem Grundsatz gestalte ich mein Leben, in Gesellschaft oder allein: Ich tue niemals mehr, als wenn ich allein bin und bin niemals weniger allein, als wenn ich allein bin.

Rom wird ausgebaut.

Wegen der erdrückenden Ausgaben des römischen Staates für Feldzüge, für Spiele und für Geschenke an Verbündete leerte sich die Staatskasse ständig mehr. Dies ist mit ein Grund, weshalb der Ausbau der Hauptstadt der Republik in den letzten zwanzig Jahren vernachlässigt wurde. Dies obwohl einige Gebäude durch Brände zerstört sind und Rom in der letzten Zeit bedeutend gewachsen ist. Für den grösseren Staatsapparat braucht es dringend neue Bauten. Immer mehr Staatsgäste kommen jetzt hierhin. Diese Delegationen müssen standesgemäss empfangen und untergebracht werden können. Der Senat tagt in einer zu kleinen Kurie und muss manchmal auf einen Tempel ausweichen. Also stehen grössere Investitionen im Bereich der öffentlichen Bauten an. Diese werden, wie die Privatbauten, jetzt zunehmend nicht mehr aus Holz, sondern aus Stein gebaut. Heute ist klar, dass Rom eine ewige Stadt sein wird. In diesem Jahr wird mit Geld aus den Silberminen Spaniens vieles neu errichtet, was ich als Konsul unterstütze. Am Forum wird gebaut, vorgesehen sind auch zahlreiche Strassen- und Tempelbauten. Bei den letzteren zählen wir aber vor allem auf Schenkungen. Konkret vorgesehen sind neue Tempel für die Juno, die Victoria, die Magna Mater, den Mars und den Hercules. Bei anderen öffentlichen Bauten bleibt der Staat weiterhin in der Pflicht, auch weil Rom immer mehr Gerichtsort für alle Italiker wird. Dazu kommt die dringend nötige Erweiterung des Hafens Ostia. Dort wird im Moment ein grosser Warenumschlags- und Stapelplatz erstellt.

Der Bau eines behaglichen Hauses auf dem Ölgut.

Auch im privaten Bereich wird in der Republik viel Neues gebaut. So legen sich, wie ich ja auch, immer mehr Exponenten unseres Staates als Sommersitz eine Landvilla zu. Schon beim Kauf des Ölgutes habe ich mich gedanklich mit dem Bau einer wohnlichen Villa rustica auseinandergesetzt. Sie soll einfach, aber doch so gross sein, dass man sich dort wohl fühlen und an umfangreichen Schriften arbeiten kann. In diesem Sinne gebe ich jetzt den Auftrag für ein neues Herrenhaus. In der Anfangsphase überwache ich den Bau selbst. Die Grundmauern werden bis zu einem Fuss Höhe aus Stein und Kalkmörtel, die Wände darüber aus Backsteinen ausgeführt. Alles wird schlicht gehalten; denn ich habe die folgende Jugenderinnerung nicht vergessen: In der Nähe des väterlichen Hofs lag das Häuschen des grossen Feldherren Manius Cortius. In seiner bescheidenen Wohnung empfing er fremde Gesandtschaften am Herd sitzend und Rüben kochend. Die Gesandten boten ihm viel Geld an. Er schickte sie jedoch mit den Worten davon, dass einer, der mit einem solchen Essen zufrieden sei, kein Geld brauche und lieber solche, die Geld hätten, besiegen wolle.

Noch einmal zu den Pflichten des Verwalters – und der Verwalterin.

Meinen kurzen Aufenthalt auf dem Ölgut nutze ich für die Prüfung der Ausgabenrechnungen des Verwalters, vor allem für Futter, und des Standes der Einnahmen, besonders des Ölverkaufs. Ich ermahne ihn noch einmal zum rechtzeitigen Verkauf von allem Unnötigem, namentlich alte Ochsen, entwöhnte Kälber und Lämmer, Wolle, Häute, alte Wagen, alte Eisengeräte sowie betagte oder kranke Sklaven. Jetzt, wo mich als einflussreicher Senator immer wieder Amtsgeschäfte an Rom binden, bin ich noch mehr als früher auf einen zuverlässig und genau nach meinen Vorgaben arbeitenden Verwalter angewiesen. Als Belohnung für seine gute Arbeit erlaube ich ihm, die von ihm gewünschte Frau zu heiraten. Vorher habe ich sie mir vorführen lassen und mit Befriedigung gesehen, dass sie nicht allzu üppig gebaut ist. Ich lege genau fest, was diese fortan zu leisten und wie sie sich zu verhalten hat: Sie soll Respekt vor dem Gutsherrn zeigen und darf keine gottesdienstlichen Handlungen selbst vornehmen. Sie hat Nachbarinnen und andere Weiber möglichst wenig zu besuchen und darf keine Besuche im Gutshaus oder in ihrer Stube empfangen. Das Essen soll sie zu Hause einnehmen. Sie muss reinlich sein, den Hof sauber halten und den Herd täglich reinigen. An Feiertagen hat sie einen Kranz auf den Herd zu legen und zum Lar zu beten. Für den Gutsherrn und die Hausgenossenschaft hat sie stets das Essen gekocht bereit zu halten. Ihre Aufgabe ist es, für die Hühner und damit für genügend Eier zu sorgen. Sie hat viel eingemachte Vorräte sicherzustellen: gebackene Birnen, Feigen, Rosinen, Birnen und Trauben in Fässern sowie Äpfel und Nüsse. Sie muss auch verstehen, wie man gutes Mehl aus Weizen und Dinkel herstellt. Der Dinkel muss zunächst geröstet und kann erst dann mit der Stampfe von den Spelzen befreit und gemahlen werden. Zum Aufgabengebiet der Vilica gehören zudem die Bienenzucht und die Pflege des Pflanz- und Gewürzgartens für die Küche.

Wieder über das Weingut

Herbst 194 v. Chr.

Die verschiedenen Weine.

Sklavenwein entsteht folgendermassen: Man nimmt frühreife Trauben aller verfügbarer Sorten und keltert sie. Dieser Wein ist oft sehr sauer, deshalb muss man zuweilen süssen Mostsirup beigeben. Man kann auch Marmorstaub beimischen oder ein Säckchen mit Harz in den Wein hängen, so dass es sich auflöst. Das ganze muss man während 20 Tagen täglich umrühren, damit es sich gut mischt. Das ergibt schliesslich einen trinkbaren Wein. – Guten Salzwein mache man so: Koscher oder griechischer Wein entsteht aus ganz reifen und damit süssen Trauben. Man legt diese zwei oder drei Tage ins Freie. Dann liest man die schlechten Beeren ab. Die guten Beeren legt man ohne Stiele in ein grosses Fass, das altes oder stark verdunstetes und damit sehr salzreiches Meerwasser enthält. Darin drückt man die Beeren aus, so dass sie sich mit Salzwasser voll saugen. Dann lässt man das Fass stehen und gären. Nach drei Tagen werden die Beeren ausgetreten und der Most in saubere, trockene Fässer gefüllt, wo sie weiter gären. Die Flüssigkeit kommt nach der ersten Gärung in Fässer, die mit Duftkräutern ausgeräuchert wurden. Darin lässt man den Wein während 15 Tagen weiter gären. Nach dieser Zeit werden die Fässer dicht verschlossen und 40 Tage stehen gelassen. Dann wird der Wein in Amphoren à 26 Liter abgezogen und in jede Amphore ein halber Liter Weinsirup beigegeben. Diese Amphoren werden an die Sonne gestellt. Sie dürfen aber nur bis zum Henkelansatz gefüllt sein, sonst platzen sie. Nach zwei bis vier Jahren ist der Wein fertig. Die Amphoren werden schliesslich pyramidenförmig im Weinkeller bis zum Verkauf gestapelt. Der ganze Prozess macht den

Wein lange haltbar und gibt ihm einen eigenen Geschmack. Eine andere Möglichkeit der Produktion von haltbarem Wein ist die Versetzung des Traubenmostes mit Baumharz. So entsteht der Retsina. Ein spezieller Wein ist der Nieswurzwein, der ein gutes Abführmittel ist. Es gibt verschiedene Verfahren der Herstellung. Eine davon ist das Wirkenlassen der Nieswurz beziehungsweise der Christrose auf die Wurzeln des Weinstockes, wie es die Griechen machen. Ein anderes ist die Beigabe von Nieswurz in den Weinmost. Eine ähnliche abführende Wirkung entsteht, wenn man dem Weinmost schwarze Myrte oder Granatäpfel beigibt.

Herbst 193 v. Chr

Arbeit an Regentagen.
Im Spätherbst schaue ich zwischendurch auf meinen beiden Landgütern zum Rechten. Die Ernte ist auch auf dem Ölgut wieder erfreulich ausgefallen. Den Verwalter allerdings muss ich zu einer strengeren Hand gegenüber seiner Mannschaft ermahnen. Offensichtlich hat er nach der anstrengenden Ernte die Zügel etwas schleifen lassen. Ich schreibe ihm deshalb folgendes vor: Er hat selber zu überlegen, was an Regentagen gemacht werden kann. Damit nicht gefaulenzt wird, können Aufräumungsarbeiten ausgeführt werden. Er hat zu bedenken, dass ständig Unkosten entstehen. An Regentagen sollen die Arbeiter und Sklaven insbesondere Fässer waschen und neu verpichen, den Hof reinigen, das Getreide umschaufeln, die Ställe misten, das Saatgut sieben, Taue reparieren und neue Seile herstellen. Das Gesinde hat die ihm zur Verfügung gestellten Kapuzenmäntel zu flicken. An Feiertagen müssen die Sklavenarbeiter Wassergräben reinigen, die Wege neu pflastern, die Hecken schneiden, Reisig bündeln und Disteln jäten.

Winterarbeit.
Zwischendurch treffe ich Lucius Dentatus, der glücklicher Vater einer kleinen Livia geworden ist. Ich berichte ihm über meinen Feldzug in Spanien. Danach kommt die Landwirtschaft zur Sprache. Er empfiehlt mir Punkt für Punkt, was auf meinem Gut als

nächstes an die Hand genommen werden muss. Dem Verwalter des Ölgutes gebe ich dementsprechend die Arbeiten für den kommenden Winter vor. Auf dem Weingut sind Pfosten und Querlatten für die Weinspaliere zu schneiden und, wenn sie trocken sind, zuzurichten. Fackeln müssen hergestellt und die Ställe ganz ausgemistet werden. Zwischen dem alten und dem neuen Mond und bei Halbmond wird Holz geschlagen. Es sollte trocken und nicht taunass oder gefroren sein. Bäume werden in den ersten sieben Tagen, nachdem der Mond voll gewesen ist, am besten dicht über dem Boden abgesägt und die Baumstrünke entfernt. Die Getreidefelder müssen behackt und gejätet werden. Die von den Weinstöcken und Bäumen abgeschnittenen Triebe sollen eingesammelt und auf dem Hof zu Reisigbündeln geschnürt werden. Äste von Reben und Feigenbäumen geben gutes Anfeuerholz für die Öfen. Im Winter ist der Kalkofen in Betrieb zu setzen. Auch kann Holzkohle gemacht werden. Übrig gebliebenes Reisig soll auf dem Ackerboden als Dünger verbrannt werden; dann kann man dort Mohn säen.

192 v. Chr.

Frühlingsarbeit.

Nachdem ich den Winter wie üblich in Rom verbracht habe, komme ich dieses Jahr schon im Frühjahr auf das Weingut. Dort werden auf den Feuchtböden gerade Entwässerungsgräben gezogen. Anschliessend sind Furchen und Gruben für die Neuanpflanzung von Weinstöcken anzulegen. Der Abstand beträgt 74 Zentimeter. Im Bereich der geplanten Baum- und Weinschulen wird sodann der Boden umgepflügt. Fetter und feuchter Boden ist gut für Ulmen, Feigen, Obst- und Ölbäume. Dann geht es vor allem um die Veredelung der Weinstöcke. Dafür ist der beste Zeitpunkt, wenn die Traube blüht. Man schneidet zunächst die Rebe vorne an der Spitze ab, dann spaltet man sie mitten durch das Mark hindurch. In den keilförmigen Spalt kommt das Edelreis so hinein, dass sich das Mark gut verbindet. Eine zweite Methode des Pfropfens ist das schräge Anspitzen beider Triebe und das Zusammenbinden mittels Bast. Bei der dritten Methode wird die alte Rebe durchbohrt und von beiden Seiten je ein schräg zugespitzter Pfropfen von 60 Zentimeter Länge so eingesetzt, dass sich das Mark gut verbindet. Der gepfropfte Teil wird darauf zum Boden gebogen, mittels Gabeln dort fixiert und mit Erde bedeckt, damit die Pfropfstelle nicht austrocknet. Die Weinstöcke wachsen dann schnell, wenn man die Erde um diese herum einmal im Monat lockert, bis sie dreijährig sind. Sobald die jungen Reben zweijährig sind, muss man sie zurückschneiden; wenn sie dreijährig sind, kann man sie ausgraben. Haben sie fünf alte Augen, kann man sie an den Spalier setzen. Auch alte Weinstöcke können versetzt werden, wenn sie nicht mehr als einen Arm haben. Zuerst schneidet man sie zurück und lässt nicht mehr als zwei Augen stehen. Dann werden die Wurzeln ausgegraben und der Stock versetzt. Am neuen Ort müssen sie genau in die gleiche Himmelsrichtung orientiert werden, wie sie am alten Ort standen. Am neuen Ort wird der alte Stock mit Erde bedeckt und gut festgestampft.

Die Weihung des Gutes.

Im Mai erfolgt wie üblich die Einsegnung der Felder. Als Gutsherr besorge ich die Weihung meiner Grundstücke in der Regel selbst, aber in Anwesenheit eines Priesters. Zu diesen Ambarvalia gehört eine Prozession. Ich spreche dabei, nachdem ein Ferkel, ein Lamm und ein Kalb um die Felder geführt wurden, das Gebet zur Entsühnung von Mensch und Tier an die gut meinenden Götter. Dann rede ich zuerst den unsterblichen Janus und dann den Göttervater Jupiter mit einer Weinspende an. Anschliessend ersuche ich Vater Mars, dass er mit meinem Haus und meiner Hausgenossenschaft willig und gütig sei, sichtbare und unsichtbare Krankheiten, Hagelschlag und Gewitterstürme fernhalte, Hirten und Herden gesund erhalte und meinem Haus und meiner Hausgenossenschaft gutes Befinden und gute Gesundheit gebe. Anschliessend werden die Opfertiere mit einem Messer geschlachtet und ausgeweidet. Der Priester beschaut das Resultat und fordert ein Ersatzopfertier. Jetzt lasse ich ein zweites Opfertier bringen und spreche die folgende Formel:

Vater Mars, weil dir durch jenes Ferkel da nicht Genüge geschehen ist, will ich dich mit diesem Ferkel hier versöhnen!

Sentenzen.

An einem besonders schönen Frühlingstag breche ich zu Fuss zum Olivengut auf und schaffe die Distanz in einem Tag. Dabei komme ich an zahlreichen Landgütern mit emsigen Arbeitern vorbei. Jetzt, im Juni, wird überall das Heu eingebracht. Alle, die wie ich Ochsen halten, brauchen für den Winter einen schönen Vorrat davon. Ich freue mich auf meinen vor sechs Jahre erworbenen und neu eingerichteten Landsitz, denn dort habe ich mich bereits behaglich eingerichtet; es ist ein wunderbarer Ort zum Lesen und Schreiben geworden. Trotz meinen alten Vorbehalten gegenüber den Griechen greife ich jetzt vermehrt zu deren Büchern und übersetze einige Sentenzen. Ich denke mir auch immer wieder eigene Denksprüche aus. Anlässlich eines Besuches von Lucius Dentatus lese ich ihm einige davon vor und beginne mit militärischen Sprüchen: «Ich will keine Soldaten, die auf dem Marsch die Hände, im Kampf aber die Füsse bewegen und im Schlaf lauter schnarchen als im Kampf.» Wenn jemand bei einer wichtigen Sache Mühe bekundet, kann man ihm das sagen, was ich vor Numantia auch meinen Kavalleristen sagte: «Wenn ihr mit Mühe etwas Gutes tut, so wird jene Mühe bald von euch weichen, die gute Tat aber wird, so lange ihr lebt, nicht verschwinden.» Zu allgemeinen Themen gebe ich folgende Kostproben: «Greisenhafte Jugend ist ein Zeichen für frühen Tod.» «Du musst nicht kaufen, was du brauchst, sondern was notwenig ist.» «Was dir fehlt, musst du von dir selbst entleihen.» «Mir sind junge Leute, die erröten, lieber, als die erblassen.» – Mein Landfreund berichtet wieder über das Neueste auf dem Lande. Auch seine Ernte verspräche sehr gut zu werden. Die Nachfrage nähme ständig zu. Seine kleine Tochter wage jetzt die ersten Schritte, berichtet er stolz. Leider kann ich ihn nicht mehr zu Hause besuchen, weil ich dieses Jahr frühzeitig nach Rom zurückkehren muss. Es erreicht mich die beunruhigende Nachricht einer erneuten, besonders starken Überschwemmung durch den Tiber, die auch mein Stadtgut heimsucht.

Meine Heirat – und die Aussenpolitik

191 v. Chr.

Eine ehrenvolle Heirat bahnt sich an.

Zu Hause in Rom kümmere ich mich zunächst um die nötigen Instandstellungsarbeiten nach dem jüngsten Hochwasser. Diese Gefahr war mir ja bekannt und vorhersehbar, deshalb trifft mich der Schaden nicht so stark wie andere. Allgemein stehe ich ganz gut da: Nachdem meine Güter immer mehr Geld abwerfen, meine politische Karriere klare Formen annimmt, und ich bei den Weibern meine Sporen zur Genüge abverdient habe, bahnt sich ein besonderer Wechsel meiner Lebensführung an. Als scharfzüngiger Mann von 43 Jahren biete ich je länger desto mehr eine Angriffsfläche wegen meines Lebenswandels. Meine häufigen Reisen und Einsätze in den Provinzen nimmt man mir als Entschuldigung für meinen ledigen Stand kaum mehr ab. Denn ich bin ein Nothos; dieses griechische Wort für den ledigen Mann verwenden wir auch im Lateinischen. Man missgönnt mir die ausführlich genossenen Freuden der Venus mit jugendlichen schönen Frauen. Also ist nolens volens Brautschau angesagt, diesmal jedoch mit grösstem Bedacht. Meine zukünftige Frau beginne ich mehr nach dem Gesichtspunkt der Herkunft als des Reichtums auszuwählen. Vermögende Töchter werden leicht zu selbstbewusst. Schliesslich entscheide ich mich unter den Schönen Roms für die zwanzig Jahre jüngere Licinia, die Tochter eines Prätors. Sie ist eine scheue und unerfahrene Person, schlank und gut erzogen. Der Vater stimmt meinem Heiratsantrag umgehend zu, worauf die Vermählung vorbereitet wird. Nach dem grossen Fest teile ich mit Licinia Tisch und Bett.

Meine Mission als Legat in Griechenland.

Bald nach der Heirat ruft mich die Pflicht aus Rom ab. Der Konsul Marcus Acilius Glabrio schickt mich in einer wichtigen Mission nach Griechenland. Die nördlich der Griechen wohnenden Makedonen wollen wieder Hand auf das alte, von uns befreite Griechenland legen. Über verschiedene Stationen gehe ich nach Athen, um die baldige Ankunft der römischen Heere anzukündigen. Unseren Freunden kann ich damit den Rücken stärken und der Propaganda unseres Feindes Antiochus entgegentreten. In Athen halte ich eine Rede, in der ich die Bürger an die alte grosse Vergangenheit ihrer Vorfahren und die Schönheit ihrer Stadt erinnere. Dann beginnt der Krieg gegen den syrischen König Antiochus, der schon ganz Asien unter seine Herrschaft gebracht hat und meint, er müsse Alexander dem Grossen nacheifern. Ich bin in der vordersten Front dabei, trage meine Waffen wie stets im Felde selbst und lasse meinen Diener nur für das Essen sorgen. Wie früher schon trinke ich nur Wasser, bei starkem Durst Essig, und bei grosser Erschöpfung einen Schluck Wein. An den aus der Geschichte bekannten Thermopylen spitzt sich die Lage zu. Ich kundschafte die gebirgige Gegend selbst aus, wobei mir meine gute Konstitution zugute kommt. Mit einem anderen guten Berggänger ziehe ich in tiefer Nacht los und finde einen steilen Pfad, der in den Rücken des Feindes führt. Wir holen das Heer nach und attackieren den Feind noch in der gleichen Nacht von hinten. Dieses Umgehungsmanöver wird der Durchbruch zum Sieg, nicht nur der Schlacht, sondern des ganzen Feldzuges. Ich erhalte vom Konsul die ehrenvolle Aufgabe nach Rom aufzubrechen und dem Senat die Siegesmeldung zu überbringen. Also schiffe ich nach Brindisi über, reite in einem Tag nach Tarent und nach vier weiteren Tagen bin ich bereits in Rom. Ich gehe sofort in den Senat, werde ehrenvoll vorgelassen und kann mit grossen Worten die Siegesmeldung vortragen. Am Abend gehe ich ermattet und zufrieden in meine Stadtvilla. Hier wartet eine Überraschung auf mich: Ich finde meine Frau schwanger vor.

Lesen und Schreiben.

Im Schreibzimmer des Stadtgutes ist meine Bibliothek untergebracht. Darin stehen wichtige Geschichtswerke, Reden und philosophische Schriften. Die meisten Rollen sind zwangsläufig leider nicht in lateinischer, sondern in griechischer Sprache verfasst. Dazu kommen allerdings lateinisch abgefasste Gedichte, wie solche von Ennius, und gewisse Texte zu den Wissenschaften. Wie von der neueren Philosophie halte ich allerdings auch von den jüngsten Wissenschaften nicht allzu viel. Denn wie die Färber am liebsten die Farbe verwenden, die gerade Mode ist, so pflegen und treiben auch unsere jungen Leute gerade die Wissenschaften, die jeweils Beifall finden. Lieber sind mir die traditionellen, sicheren Werte unserer Gesellschaft. In diesem Sinne ist meine in Arbeit befindliche Sammlung von Sentenzen gehalten. Auch in der Philosophie nehme ich einen eher pragmatischen Standpunkt ein. Als Resultat meiner Auseinandersetzung mit Fragen unserer Welt entsteht derzeit ein Brevier über die Lebensführung. Dieses geht von unserer Wirklichkeit aus und schwebt nicht wie viele griechische Werke in den Wolken. Allerdings muss ich zugeben, dass die Lektüre der Griechen in mir zuweilen gute eigene Kräfte weckt. Es ist hart für einen echten Römer, zugeben zu müssen, dass uns die Griechen noch in vielem überlegen sind. Noch härter ist es von der Geschichte im Bereich von Bildung und Wissenschaft in die Rolle von Epigonen der Söhne Hellas' geschoben zu werden. Wir Römer werden hin und wieder als linkische Sieger gesehen und im geistigen Bereich nicht als ebenbürtig betrachtet. Diese Beurteilung stachelt mich immer wieder zu neuen Taten an. Ich wurde schon wiederholt Demosthenes Roms genannt. Das ehrt und ärgert mich zugleich. Wie auch immer, in meinen Reden benütze ich jede Gelegenheit gegen die Griechen zu sticheln und unsere eigenen Leistungen in den Vordergrund zu stellen.

Mein erster Sohn und das Amt als Censor

190 v. Chr.

Häusliches Leben mit meiner Frau.

Im Jahre 190 v. Chr. kommt mein Sohn zur Welt. Ich gebe ihm nach meiner Gattin den Namen Licinianus. Er wird von meiner Frau bestens betreut. Das kann ich mit eigenen Augen täglich erleben. Nach meiner Ansicht ist es besser, ein guter Ehemann und Vater als ein guter Senator zu sein. Einer, der seine Frau oder seinen Sohn schlägt, vergreift sich an einem ehrwürdigen Heiligtum. Ich bleibe nach der Geburt einige Wochen zu Hause und bin dabei, wenn die Mutter den Kleinen badet und wickelt. Meine pflichtbewusste Frau nährt Licinianus mit der eigenen Brust. Sie stillt sogar gleichaltrige Sklavenkinder, weil sie der Meinung ist, dass durch diese Milchbruderschaft unser Sohn Freundschaft durch die Gleichaltrigen erfahren wird. In dieser Zeit geniesse ich die heimische Küche. Die Hauptnahrung ist bei uns nach alter Väter Sitte der dicke Brei aus Dinkel. Diesen macht meine Frau wie keine andere. Wir essen auch immer wieder Knetbrot, das auf dem warmen Herd mit einem darüber gestülpten Tongefäss gebacken wird. Anders als die Gallier verwenden wir für das Brot keine Hefe. An besonderen Tagen wird das Brot jedoch durch Zugabe von Milch und Eiern wohlschmeckender gemacht. Sehr gut schmeckt es mit Käse vom Schäfer. Vor besonders üppigen Gastmählern nehme ich rohen Kohl aus dem Essigtopf. Danach kann man so viel essen und trinken, wie man will. Meine Frau versteht es nicht nur gut zu kochen und zu backen, sondern aus Olivenöl auch Salben herzustellen. Damit reibt sie schon den Säugling ein. Für die Frauen macht sie aus Öl Parfüm.

Die Baumschule.

Die längere Anwesenheit in meinem Stadtgut nutze ich für den Ausbau der Kulturen rings um die Stadtvilla. Jetzt, Ende des Winters, ist die richtige Jahreszeit zum Pfropfen der Olivenbäume wie der Obstbäume. Besonders die letzteren stehen voll im Saft. Den zu veredelnden Ast schneidet man zunächst an der Spitze ab, ohne die Rinde einzureissen. Dann umwickelt man den Ast am abgeschnittenen Ende mit Bast und biegt diesen nach unten, so dass der Saft abfliessen kann. Nun treibt man zwei Fingerspitzen tief einen kleinen Keil zwischen Rinde und Stamm. Diesen zieht man wieder raus und setzt das Edelreis tief in denselben Spalt, Rinde an Rinde, mit Baststreifen umgeben. Das ganze wird mit einer Masse aus Ton oder Kreide, wenig Sand und reinem Rindermist drei Finger dick bestrichen. Darum herum kommt eine Manschette aus Ochsenszungenblättern, die wieder mit Bast fixiert wird. Sie schützt vor eindringendem Regen. Darum herum kommt fest gebundenes Stroh, das verhindert, dass der Nachtfrost schadet. Beim Stadtgut entsteht eine schöne Baumschule auf einem freien, gut gedüngten Areal. Der Boden ist so beschaffen wie der, wo die Bäume dereinst gepflanzt werden sollen. Die Erde wird zwei Spaten tief umgestochen, von den Steinen befreit und eingezäunt. Dort hinein kann man die Stecklinge im Abstand von etwa 45 Zentimeter im Quadrat setzen. Sie sollen einen Finger breit aus dem Boden herausragen und mit einem Zweig markiert werden. An der Spitze wird der Steckling mit Rindermist bestrichen. Wenn der Boden darum herum häufig gehackt wird, wird der Steckling schnell wachsen.

Die Zucht von jungen Obstbäumen.

Junge Bäumchen kann man auf dem alten Baum nach dem folgenden alten Rezept ziehen: Mache ein Loch in den Boden eines Körbchens. Durch seinen Boden stecke den Ast, der Wurzeln schlagen soll. Fülle das Körbchen mit Erde und drücke sie gut ein. Lass das Körbchen am Baum. Sobald der Ast darin Wurzeln geschlagen hat und zweijährig geworden ist, schneide den Ast unterhalb des Körbchens ab. Das Körbchen kann jetzt in eine kleine Baumgrube gesetzt werden. Dieselbe Methode kann auch bei Reben angewendet werden. Ein anderes Rezept ist das Folgende: Drücke den Schoss eines Baumes in die Erde hinein und richte dessen Ende nach oben. Der in der Erde verbliebene Teil wird bald Wurzeln schlagen. Nach einiger Zeit kann der Ast abgeschnitten und als junger Baum gesetzt werden. Diese Methode eignet sich für Feigen, Oliven, Granatäpfel, Quitten, alle Apfelsorten, Lorbeer, Nussbäume und Platanen.

189 v. Chr.

Riten und Zauber.
Das Leben um Haus und Hof ist voller Gefahren, die mit geheimnisvollen Handlungen und Zaubermitteln abgewehrt werden können. Wenn ein Rind krank wird, soll man ihm das richtige Heilmittel verabreichen. Einen guten Zaubertrank stellt eine Mischung aus Dinkel, Salz und Wein dar. Dieser Flüssigkeit muss eine zerriebene Schlangenhaut beigegeben werden. Es kommt aber auch darauf an, wie man die Medizin verabreicht. Der Mann, welcher den Trank einflösst, muss nüchtern sein. Und er soll die Zahl drei, die ja eine besondere ist, zur Hilfe nehmen. Das macht er am besten, indem er die Medizin an drei Tagen je dreimal verabreicht. Dabei sollen das Rind und der Mann nicht auf dem Erdboden stehen, sondern auf einer speziellen Plattform. Auch der Zeitpunkt der Verabreichung von Medizin ist, wie beim Schlagen des Holzes, wichtig.

185 v. Chr.

Die Zerstörung Karthagos.
Das für einige Jahre weggelegte Tagebuch habe ich heute aus aktuellem Anlass für eine wichtige Eintragung hervorgeholt: Karthago wird derzeit durch römische Truppen zerstört! Wie lange wohl dieser Sieg hinhalten wird? Karthago war ja bisher wie die Hydra, der immer wieder neue Köpfe wachsen. Die Zerstörung erfolgt unter dem Kommando des jüngeren Scipio Africanus. Der ältere Africanus, mein Hauptfeind, ist neutralisiert. Vor zwei Jah-

ren habe ich mich, nicht ohne Häme, mit meinem Freund Lucius Valerius Flaccus am Kesseltreiben gegen Scipio beteiligt. Der so genannt grosse Scipio hielt dem Druck nicht stand, erwies sich als Hasenfuss und ging von sich aus in die Verbannung.

Wofür Olivenfruchtwasser gebraucht werden kann.
Wie jedes Jahr schaue ich im Sommer und Herbst auf dem Wein- und dem Ölgut zum Rechten. Die Betriebe laufen wie geschmiert. Jetzt geht es vor allem um Verfeinerungen und die Erhaltung der Bodenqualität. Dafür ist die regelmässige Düngung sehr wichtig. Ein gutes Mittel ist Olivenfruchtwasser, das auf dem Ölgut in genügend grossen Mengen zur Verfügung steht. In dieser dunklen, bitteren und leicht öligen Amurca steckt viel Kraft und zudem hält sie Ungeziefer fern. Ich verwende Amurca neben der Düngung zudem für folgende Zwecke: Zum Tränken der Pflanzensamen, mit Lehm vermischt zum Anlegen der Dreschböden und für die Wände der Kornspeicher sowie zum Imprägnieren, also Dichten der neuen Ölfässer aus Ton. Als Medizin leistet Amurca beim Vieh gute Dienste gegen Räude. Sie hält auch die Motten fern, deshalb soll man die Truhen, in denen Wollkleider aufbewahrt werden, damit ausstreichen.

184 v. Chr.

Ich will Censor werden.
Der Gipfelpunkt aller Ehren und die Krönung einer politischen Laufbahn bei uns in Rom ist das Amt des Censors. Die jeweils auf ein Jahr eingesetzten Censoren wachen vor allem über die Einhaltung der väterlichen Sitten und die korrekte Lebensführung. Vor einigen Jahren habe ich mich schon einmal um die Censur beworben, allerdings ohne Erfolg. Jetzt könnte es klappen, meine Mission als Sittenwächter endlich auch in offizieller Funktion entfalten zu können. Ich bewerbe mich um dieses hohe Amt zusammen mit Lucius Valerius Flaccus. Dabei tritt ein altes Ärgernis wieder zutage: Der Adlige wird vom Senat eher akzeptiert als der Aufsteiger. In der Bewerbungsrunde muss ich meine Redekunst vor dem

Senat voll zur Geltung bringen. Ich schöpfe die ganze Palette meiner Stimme aus, spreche anmutig und kraftvoll, einschmeichelnd, aber auch erschütternd. Ich flechte spöttische und ernsthafte Passagen ein, drücke mich sentenzenreich und kämpferisch aus. Den Inhalt meiner Rede wähle ich aber ernsthaft und wohl durchdacht. Schliesslich muss ich gegen sieben hoch angesehene Mitbewerber antreten. Diese künden allesamt eine milde Censur an, in der Hoffnung, dank ihres Entgegenkommens gewählt zu werden. Ich hingegen setze voll auf eine andere Karte. Vom Rednerpult aus spreche ich die Probleme offen an, fordere schreiend eine Purgierung des Staates, der gerade jetzt des besten Arztes bedürfe. Gefälligkeit sei das Dümmste, was wir jetzt brauchen können. Anstelle von Netten und Freundlichen brauche Rom ein hartes Regiment. Die Rhetorik tut ihre Wirkung. Ich werde zusammen mit Lucius Valerius durch den hohen Senat gewählt.

Mein Wirken als Censor.

Wie angekündigt nehmen Lucius Valerius Flaccus und ich unser hohes Amt ernst und legen strenge Massstäbe an. Denn wir sind der Meinung, dass Amtsträger einen rechten Lebenswandel zu führen haben; unser Staat wurde nicht durch einen Menschen und auch nicht in einem Menschenleben aufgebaut, sondern in vielen Generationen und Zeitaltern. Und genau dieses Werk ist mit Würde von den derzeitigen Amtsinhabern fortzuführen. Würdige werden gelobt, Unwürdige bestrafe ich. Wenn ein römischer Ritter sich etwa mit einem mageren oder ungepflegten Pferd zeigt, erhält er umgehend einen censorischen Verweis. Gutsbesitzer, welche ihr Land vernachlässigen, verlieren ihren hohen Status. Ich wettere unter anderem gegen die Unsitte, dass in den Provinzen zu Ehren von Frauen Statuen gesetzt werden. Gegen den Luxus, besonders der Frauen, gehe ich ganz einfach vor; ich führe eine hohe Reichtumsteuer auf Luxusgüter ein. Besonders stark besteuert werden teure Frauenkleider, bequeme Kutschen und extravagante Sklaven und Sklavinnen unter 20 Jahren. Damit begegne ich der wachsenden Unsitte der kostspieligen Buhlknaben und Edelkurtisanen. Von denen gibt es in Rom so viele, dass die Staatskasse in meiner Censur deswegen ganz schön reicher wird. (Ich selbst habe nie einen teuren Sklaven, nie teure Kleider gekauft. Einen bunt gewirkten persischen Teppich, ein Erbstück, habe ich sogleich verkauft.) Viel Ärger handle ich mir mit den Massnahmen ein, die vor allem Einkunftsquellen der Reichen tangieren: Ich lasse die Gebäude abreissen, die unerlaubt auf die öffentliche Strasse hinausgebaut wurden und treibe die Versteigerung der Zölle sowie der Pachten stark in die Höhe. Das Ziel all dieser Massnahmen ist, dem Staat mehr Einnahmen zu verschaffen, die gute alte Sitte hochzuhalten und der führenden Schicht Schlamperei und Korruption auszutreiben. Umgekehrt sorge ich für gute Verhältnisse in Rom durch die Erneuerung der Entwässerungsanlagen, die bessere Ordnung der Frischwassernutzung und den Bau neuer öffentlicher Gebäude. Dazu gehört die mit öffentlichen Mitteln finanzierte Basilica Porcia auf dem Forum Romanum. Dabei dienen griechische Bauten deshalb als Vorbilder, weil uns die Griechen im Städtebau noch überlegen sind. In der nach mir benannten Basilica sollen fortan die Volkstribunen ihre Amtsgeschäfte verrichten. Nach wie vor achte ich darauf, dass das Volk nicht zu übermütig und fordernd wird. Als das römische Volk beispielsweise zur Unzeit einmal eine Getreideverteilung vornehmen lassen wollte, begann ich meine Rede mit dem Satz: Es ist schwer, liebe Mitbürger, zum Bauch zu reden, der keine Ohren hat. Das tut seine Wirkung. Übrigens zum Bauch: Unsere Zeit des Überflusses führt dazu, dass sich viele reiche Römer ständig voll fressen. Manche sind so dick, dass sie sich kaum mehr bewegen können. Einen solchen Dicken spotte ich mit der folgenden Frage aus: Wo kann ein solcher Körper dem Staate nützlich sein, an dem zwischen Hals und Hoden alles Bauch ist?

Übeltäter gehören an den Pranger, auch gewesene Konsuln.

Zusammen mit Lucius Valerius Flaccus stossen wir sieben Mitglieder aus dem Senat aus, die sich dem römischen Staat gegenüber als unwürdig erwiesen haben. Dazu gehört Lucius Quinctius Flaminius, der Konsul gewesen war. Diesem werfe ich in einer scharfen Rede ein schweres Delikt vor, einen Mord aus lauter Kurzweil:

Als Provinzstatthalter in Gallien liess er nämlich seinen teuren nordafrikanischen Sklaven namens Philippus in seine Residenz holen. Dort angekommen beschwerte sich der Lustknabe nach verlässlichen Zeugenaussagen bei seinem Liebhaber, dass man ihn mitten aus einem Gladiatorenspiel in Rom weggeholt und er sich doch sehr darauf gefreut habe, erstmals mit eigenen Augen mitzubekommen, wie ein Mensch umgebracht werde. Nur die Liebe zu Flaminius habe ihn dazu bewegen können, sofort abzureisen. Dieses Gespräch erfolgte bei einem üppigen Gastmahl, während dessen zufälligerweise ein Boier als Überläufer vorgeführt wurde. Flaminius fragte hierauf seinen Liebling, ob er statt eines Gladiators diesen Gallier sterben sehen wolle? Auf die bejahte Frage hin brachte er den Bittsteller, dessen Familie vor dem Esszimmer auf den Gnadenspruch des Statthalters wartete, unvermittelt mit dem Schwert um. – Solche Vorfälle sind das Resultat der zunehmenden Überheblichkeit der Amts- und Würdenträger unserer Zeit. «Wehret den Anfängen» gilt auch hier. Nur Hohn und Spott habe ich für diejenigen übrig, die sich an Ämter klammern und ihren Status zur Schau tragen. So sage ich denen, die sich stets von Amtsdienern begleiten lassen wollen: Ihr wisst wohl selbst den Weg nicht mehr und habt offensichtlich Angst, euch allein zu verlaufen. Das tut seine Wirkung, diese Mode verschwindet so schnell, wie sie gekommen ist. Wenn jemand im Begriff ist, sein Vermögen zu verprassen, reicht es meistens, ihm folgendes zu sagen: Sein Vermögen schrumpfen zu lassen ist die Sache eines richtigen Mannes nicht, sondern eine Eigenschaft von Witwen.

Die Hochschätzung der Kavallerie und meine Liebe zu den Pferden.

Mein Urgrossvater war schon ein guter Kavallerist gewesen, wie mein Grossvater, mein Vater und ich selbst. Derselbe hatte in verschiedenen Schlachten fünf Streitrosse verloren, die er jeweils aus der Staatskasse ersetzt bekam. Mein Amt als Censor gibt mir die Möglichkeit, die römische Kavallerie schlagkräftiger zu machen. Das Ziel ist, sie endlich auf das Niveau der Kavallerien der Barbaren im Norden und Osten der Republik zu bringen. Dies ist umso wichtiger, als bisher in einer Legion weniger als ein Zehntel, nämlich nur 300 Mann, als Reiter – neben den vielen Infanteristen – Dienst tun. Wer ein Ritter sein will, muss auch wirklich reiten können. Ich entziehe deshalb kurzerhand jedem das Staatspferd, der sich im Umgang mit einem Militärpferd als untauglich erweist oder zu dick zum Reiten ist, Patrizier hin oder her. Das bringt mir viele Feinde ein, weil das Staatspferd zu einem Statussymbol geworden ist. Genau das kann aber gewiss nicht der Sinn einer Kavallerie sein. Die guten Reiter unterstütze ich gezielt, indem ich mich für höhere staatliche Pferdegeldbeiträge und mehr Kavalleristen einsetze. Damit möchte ich auch dem Bauernstand eine Gunst erweichen, dessen politische Unterstützung ich seit längerer Zeit geniesse. Mein Antrag zur Vergrösserung der berittenen Truppe geht jedoch beim Senat nicht durch. Konservative Kreise fürchten offenbar, dass zu viel neue Tüchtige in ihre alte Domäne eindringen könnten.

183/182 v. Chr.

Ein gestandener Mann von fünfzig Jahren erzieht seinen Sohn. Die Zeit der Censur ist für mich vorbei. Offenbar habe ich meine Sache nicht schlecht gemacht; denn hin und wieder höre ich den Ehrennamen Censorius. Man sagt jetzt, ich hätte vor allem bei ängstlichen und verzagten Männern recht hohe Massstäbe gesetzt. Und es kursieren wilde Gerüchte über mich, wie etwa das, ich hätte mich dafür ausgesprochen, das Forum mit spitzen Steinen pflastern zu lassen. – Im Moment bin ich also wieder von grossen Staatsgeschäften frei und nütze meine Energie zur Erziehung meines Sohnes. Der ist mittlerweile sieben Jahre alt geworden und damit reif für den Schulunterricht. Die in unserer Hausgenossenschaft lebenden Kinder werden von unserem tüchtigen Sklaven Chilon erzogen, der als gebildeter Mann ein guter Elementarlehrer ist. Ich will aber die prägenden ersten Schritte des Lernens nicht einem Makedonier überlassen und diesem gegenüber schon gar nicht Dankbarkeit zeigen müssen. Zudem ist mir die Vorstellung unerträglich, dass ein junger Ritter von einem Sklaven gescholten oder gar am Ohr gezogen werden könnte, wenn er nicht fleissig lernt. Lieber nehme ich das selbst an die Hand. Also bringe ich Licinianus das Lesen und Schreiben selbst bei. Dafür schreibe ich in grossen Buchstaben ein Lesebuch über die römische Geschichte von Aeneas bis zum Kampf gegen Hannibal. Nach meinen Grundsätzen ist die Körperschulung ebenso wichtig wie die geistige Bildung. Meine einfache, auf körperlicher Gesundheit, Zähigkeit und Kraft beruhende Lebensweise beginne ich deshalb Schritt um Schritt meinem Sohn weiterzugeben. Ich unterrichte den Jungen früh und noch spielerisch im Speerwerfen, im Gebrauch des Holzschwertes, aber auch im Ertragen von Hitze und Kälte und im Schwimmen durch gefährliche Strudel. Der vor unserem Gut vorbeifliessende Tiber ist dafür bestens geeignet. Nach wenigen Wochen macht mich meine Frau in ihrer zurückhaltenden Art jedoch darauf aufmerksam, dass ich den Jungen überfordern könnte. Ich beobachte ihn genau und schraube hierauf meine harte Zucht etwas zurück; einige Übungen sind für ihn offenbar allzu hart.

Die Bücher an meinen Sohn.

Seit der Geburt meines Sohnes trage ich mich mit dem Gedanken an ein umfangreiches Lehrmittel als geistige Nahrung für diesen jungen Römer. Dieses nimmt jetzt langsam Formen an. Es soll eine ganze Enzyklopädie werden, in der unsere höhere Bildung erstmals in römischer Sprache zusammengestellt wird. Denn bekanntlich sind noch die meisten Lehrer Griechen. Ich kenne ihren Bildungskanon aufgrund meiner Erziehung genau, habe ich mich doch genügend mit Grammatik, Dialektik, Rhetorik, Geometrie, Arithmetik, Astrologie, Musik, Medizin und Architektur abgeplagt. Einiges davon ist sehr lehrreich. Ich aber richte meine Libri ad filium viel mehr auf die praktischen Lebensbedürfnisse aus. Die rein theoretischen Fächer kommen in diesem Vademecum bewusst nicht vor. Meine Gliederung deckt vielmehr die Bereiche Landwirtschaft, Medizin, Rhetorik und Kriegskunst ab. Zu vielen Lebensfragen gebe ich in diesen Bereichen konkrete Antworten und Ermahnungen, die ich Orakel nenne.

Weitere Bildungsmassnahmen.

Mein Sohn soll durchaus die griechische Literatur anschauen können, sie aber nicht wie andere auswendig lernen und damit blind übernehmen müssen. Ich halte ihn vor allem dazu an, sich stets ein eigenes Urteil zu bilden. Dann hat er es auch leicht bei der Rhetorik: Halte nur die Sache fest, die Worte werden folgen, hört er von mir als wichtigen Grundsatz. Es gibt in Rom genügend Menschen, die mit sprechen beginnen, bevor sie wissen, was sie eigentlich sagen wollen. Die praktische Arbeit ist bei uns neuen Römern ein wichtiger Teil der Erziehung. Zu einem ordentlichen Mann gehört, dass er etwas vom Feldbau versteht und seine Eisenwerkzeuge glänzen. Bescheidenheit ist eine Zier: Du musst nicht kaufen, was du brauchst, sondern was notwendig ist, heisst auch hier die Devise. Weil ich gegenüber den Ärzten, die meist Griechen sind, sehr kritisch eingestellt bin, mahne ich auch hier meinen Sohn zur Vorsicht und gebe ihm verschiedene eigene Rezepte in schriftlicher Form mit auf den Weg. Das von den Ärzten vielfach bei Unwohlsein als Gegenmittel empfohlene Fasten halte ich beispielsweise für falsch. Besser ist es, man lasse die Kranken leichte Kost wie Gemüse oder kleine Portionen von Enten-, Tauben- oder Hasenfleisch essen. Diese Diät hat in meiner Familie stets bestens gewirkt. Wenn mein Sohn grösser ist, werde ich ihn auch im römischen Recht unterrichten lassen.

Das Gespräch mit Lucius Dentatus über den Tod Hannibals.

Erstmals reisen meine Frau und ich gemeinsam mit unserem Sohn aufs Ölgut. Wir richten uns dort für einige Monate bequem ein. Eines abends kommt Lucius Dentatus auf Besuch und wir vertiefen uns in ein Gespräch. Ich berichte ihm das Neueste: Soeben ist nicht nur mein persönlicher Feind, Scipio Africanus, sondern auch der Feind des römischen Volkes, Hannibal, gestorben, der einst Italien zerfleischte und quälte. Er starb nicht in seinem nordafrikanischen Land, sondern im fernen Bithynien, südöstlich des Bosporus. Aber auch von dort aus wirkte er gegen Rom beziehungsweise unsere Freunde, nämlich gegen Pergamon. Dieser Stadt konnte er mittels einer Finte eine schmähliche Niederlage beibringen. Vier Legionen hetzten wir dann auf ihn, sein bisheriger Beschützer verriet ihn, er aber entzog sich der Gefangennahme durch Einnahme von Gift. Vorher soll er uns noch einmal mit folgendem Ausspruch beleidigt haben: Ich will die Römer von ihrer grossen Angst befreien, da sie es offenbar nicht abwarten mögen, einen Greis in Ruhe sterben zu lassen. Die grösste Beleidigung am römischen Volk war aber sicherlich sein Sieg in Cannae im Jahre 203 v. Chr. Er selbst verlor damals zwar ein Viertel seines Heeres, wir aber 60 000 Mann und hatten damals kein einsatzfähiges Heer mehr. Diese alte Schmach haben wir nie ganz vergessen.

Die Fortsetzung des Dialogs.

Noch einmal kommt Lucius Dentatus zu Besuch, jetzt mit Frau und Kind. Die mittlerweile zwölfjährige Livia umsorgt auf herzliche Weise unseren Kleinen in der Küche bei den Frauen. Dentatus fragt mich beim Gespräch in meinem Schreibzimmer unter anderem, ob Hannibal nicht auch gute Seiten gehabt hätte. Doch, antworte ich: In zwei Bereichen bewunderte ich Hannibal als Persönlichkeit trotz allem: Er war ein genügsamer Mann, wohnte bei der Mannschaft, und Waffen und Pferde waren ihm lieber als Luxus. Dazu kam seine Liebe zu den Elefanten, besonders zum tapfersten, den er Surus nannte und der einen gebrochenen Stosszahn hatte. Ohne Zweifel war Hannibal auch ein starker Stratege. Dank dieser Eigenschaft konnte er manche Schlacht auch in einer bedrängten Situation in einen Sieg umwenden. Was wir ungern zugeben und was wir öffentlich nie sagen dürfen, ist leider wahr: Er besiegte römische Massenheere trotz eigener zahlenmässiger Unterlegenheit. – Zum Schluss unseres Gesprächs kommen wir einmal mehr zum Praktischen. Lucius Dentatus gibt mir wieder einige wichtige Ratschläge zum Landbau. Seine neueste Erkenntnis ist, dass vor der Verwendung von Bronzegefässen für das Olivenöl zu warnen sei; wenn man davon Gebrauch macht, wird das Öl schlecht schmecken. Tatsächlich weiss man ja, dass Öl sehr schnell den Geschmack von anderen Stoffen annimmt.

Sorgen, auch im Landbau

175 v. Chr.

Die Origines.

Das Tagebuch habe ich mehrere Jahre weggelegt, denn wir hatten eine schwierige Zeit zu überstehen. Die Pest wütete und raffte auch meinen besten Freund Lucius Valerius Flaccus hinweg. An diesem Verlust leide ich bis heute. Jetzt aber bahnt sich bei mir etwas neues an. Ich begann vor einem Jahr ein umfassendes Werk über die römische Geschichte. Als reifer Mann fühle ich mich jetzt diesem grossen Stoff gewachsen. Ich stehe nunmehr nicht im gleichen Mass wie früher in der Politik und habe bereits genügend Erfahrung als Schriftsteller mit kleineren Werken gesammelt. Bitter nötig ist ein grösseres historisches Werk allemal. Denn bislang wurden die grossen Geschichtswerke über Rom ohne Ausnahme von griechisch Schreibenden verfasst. Das soll sich mit meinen Origines ändern: Es ist das Werk eines Römers über die Römer. Eine gemeinsame, eigene Geschichte hält ein Volk zusammen und macht einen Staat stark und selbstbewusst. Zumal unsere Republik sich dank des scharfen Geistes tüchtiger Männer und über mehrere Generationen entwickeln konnte. Dies im Gegensatz zu vielen anderen Staaten, deren Gesetze durch einzelne geprägt wurden, wie etwa bei den Kretern durch Minos oder bei den Athenern durch Theseus. Die meiste Zeit des Lebens und Schreibens widme ich jetzt dieser historischen Arbeit, die auf mehrere Bände konzipiert ist. Diese beginnen mit der ältesten römischen Geschichte 432 Jahre nach der Zerstörung Trojas und mit der Gründung Roms vor mehr als 500 Jahren. Dieser erste Band ist fertig gestellt. Jetzt arbeite ich am zweiten Band über die Entstehung der norditalischen Städte. Dann wird es weiter gehen mit den süditalischen

Städten, von denen ich ja mittlerweile einige aus eigener Anschauung kenne. Für meine Arbeiten stehen mir die römischen Annalen in den Archiven der Republik zur Verfügung, die ich präzis auswerte. Das ganze soll aber durchaus keine Aneinanderreihung von Einzelereignissen in chronologischer Folge werden. Die hauptsächlichen Zusammenhänge sind mir besonders wichtig. Denn die Auseinandersetzung mit unserer Geschichte ist für mich eine unabdingbare Voraussetzung zu einer tragenden Konzeption für die nähere Zukunft der Republik.

Über die Gallier.

In meinem Geschichtsbuch nimmt Norditalien einen wichtigen Platz ein. Dieses Territorium war lange von den Galliern bewohnt und beherrscht worden. Sie, die von den Griechen Kelten genannt werden, haben aus der Poebene vor rund 200 Jahren die Etrusker verdrängt. Die Gallier sind keine grossen Strategen, beherrschen aber zwei Dinge, das Kriegswesen und das scharfsinnige Reden. Sie sind jedoch – anders als die Etrusker – trotzdem Barbaren. Durch ihre bunte Kleidung, ihre Haartracht, ihre ausufernden Gelage, an denen sie nach dem Weingenuss regelmässig in Wallung kommen, unterscheiden sie sich stark von uns Zivilisierten. Wir kennen hier nur die südlich der Alpen lebenden Gallier. Noch mehr davon wohnen nördlich dieses grossen Gebirges. Jene sollen sich noch barbarischer gebärden als die uns bekannten Gallier und vor allem zu einer Staatsgründung nicht imstande sein. Allerdings berufen sie sich auf eine gemeinsame Religion, glauben an die Lehre des Pythagoras und damit an die unsterbliche Seele. Ihr starker Glaube macht sie sehr tapfer im Kampf. Gewisse Krieger suchen geradezu den Heldentod auf dem Feld; deshalb bleiben die Gallier ein nicht zu unterschätzender Gegner. Das habe ich im Jahre 207 v. Chr. am eigenen Leib im Kampf gegen die Senonen erlebt. Trotzdem haben wir, allerdings während langer Kämpfe, die 112 Stämme der Boier geschlagen. Sie waren kaum zu vertreiben, deshalb mussten wir sie da und dort Mann für Mann niedermachen. Nur so konnten wir Oberitalien befrieden. Als Sklaven sind die im Krieg gefangenen Gallier weniger gut geeignet als andere Nachbarn, weil sie schwieriger zu brechen sind. Hat man sie allerdings so weit, so sind diese kräftigen und gross gewachsenen Burschen auf dem Feld recht brauchbar. Ich selbst beschäftige einige dieser langhaarigen Burschen auf meinen Landgütern. Dies geht deshalb gut, weil einer der ihren als Aufseher sie dauernd seine harte Hand spüren lässt.

170 v. Chr.

Zum Thema Kritik.

Wieder lag das Tagebuch einige Jahre beiseite. Jetzt stehe ich bereits im Alter von 63 Jahren. Noch immer reise ich allein aufs Landgut. Hier habe ich mehr Musse zur Weiterführung des Tagebuchs. Bereits am zweiten Abend kommt Lucius Dentatus und fragt nach meinem Befinden. Er ist nach dem Tod meines besten Freundes für mich ein noch wichtigerer Gesprächspartner als früher geworden. Lucius Dentatus verfügt, was mir am Anfang nicht sogleich klar wurde, über einen scharfen Verstand. Ich schätze deshalb sein Urteil und kann ihm dank seiner Verschwiegenheit Sachen anvertrauen, die ich in Rom in meinem üblichen Freundeskreis nicht zu besprechen wage. Auf einem Rundgang durch mein Gut berichte ich ihm, was mir hin und wieder Sorgen macht: Weil ich in meinem Leben so viele andere Männer, von denen ich wenig hielt, verhöhnte oder sogar anklagte, geschah mir dasselbe. Ich werde bei jeder sich bietenden Gelegenheit verklagt, vor allem von Adligen. Bis heute musste ich mich gegen über vierzig persönliche Anklagen verteidigen. Das raubt mir viel Zeit. Aber ich habe erfolgreich gekämpft. Kein einziges Urteil wurde schliesslich über mich gefällt. Trotzdem beschäftigt mich hin und wieder die Kritik an mir, denn ich könnte meine kostbare Zeit besser einsetzen als für Rechtfertigungen, Verteidigungsreden und Gegenangriffe. So unerhörte Dinge bringen meine Feinde gegen mich vor, dass mir ihre Frechheit und Dreistigkeit zuweilen zusetzt. Vor allem fällt es mir immer schwerer, mich vor Menschen zu verantworten, unter denen ich nicht gelebt habe.

Zum Thema Selbstkritik.

Inzwischen sind Lucius Dentatus und ich auf unserem Spaziergang bei meinem alten Lieblingsbaum angelangt. Ich vertraue ihm dort meinen Vergleich mit dem alten Baum und dessen teilweise ausgehöhltem Stamm an: Auch ein alter Stamm hat noch genügend Kraft zur Ernährung einer grossen grünen Krone. Dentatus zeigt zunächst Verständnis für meinen Kampf gegen verweichlichte Kerle, die in Kochkunst machen, und für meinen Hohn und Spott gegenüber Bummlern, Witzfiguren und Hanswurste. Er höre aber auch, dass man mir Inkonsequenz vorwerfe. Einerseits würde ich etwa Marcus Nobilior vorhalten, einen Dichter mit in die Provinz begleitet zu haben, andererseits hätte ich in jungen Jahren selbst den bekannten Ennius nach Aetolien mitgenommen. Oder ich hätte nach meiner Censur die Aufstellung einer mir gewidmeten Statue geduldet, Leute aber vorher bissig verspottet, die auf ihre Statuen stolz gewesen seien. So verpuffe etwa mein bekannter Ausspruch im Leeren, wonach Leute vom Schlage eines Cato stolz seien, dass Bürger ein gutes Bild von ihnen im Herzen trügen, ja, der Spruch könne sogar gegen mich angewendet werden. Zahlreiche solche Beispiele könnten noch angeführt werden. Überdies werfe man mir vor, von Ehrgeiz besessen zu sein; darauf müsse ich achten. Ich würde zurecht an den Massstäben gemessen, die ich selber für andere anwende. Im übrigen sei es ganz selbstverständlich, dass exponierte Persönlichkeiten, die in Sachfragen kein Blatt vor den Mund nähmen, ständig harter Kritik ausgesetzt seien. Und er schliesst mit folgendem Rat: Du musst dir an den Ohren Schwielen zulegen und nicht alles ernst nehmen. Dann verweist er auf den zähen alten Baum. Was der schon alles überstanden hätte und wie er immer noch würdig dastehe, wie ein Felsen in der Brandung. Diese seine offene Rede gibt mir zu denken, beruhigt mich aber auch zugleich.

Des Dentatus' Kritik.

Wir treten den Rückweg zum Gut an. Jetzt äussert Dentatus seine eigenen Sorgen: Eine unselige Sache ist die stetige Entvölkerung der Landregionen. Ackerland wird zu Weideland und entwässertes Kulturland versumpft langsam wieder, weil die tätigen Bauern fehlen. Das Problem der Entvölkerung betrifft auch die Gegend unserer Landgüter. War es vor gut 20 Jahren noch kein Problem für die Erntezeit aus der Umgebung einen ganzen Trupp freier Taglöhner verpflichten zu können, wird dies heute immer schwieriger. Die Menschen werden anspruchsvoller und wollen besser bezahlt werden. Sie wohnen lieber in der Stadt als auf kleinen Gehöften. Landarbeit wird immer mehr Sklavengruppen und ihren Aufsehern überlassen. Sklaven haben wir immer noch genug. Oder haben wir vielleicht schon zuviel? Ihre grosse Zahl in unserem Land führt langfristig dazu, dass für körperlich anstrengende Arbeit kaum mehr Römer zu finden sind. Dentatus berichtet hierauf von durchs Land ziehenden Sklavenbesitzern, welche eine Gruppe Sklaven an Ketten hinter sich her schleppen und sie da und dort gegen einen vorher festgelegten Preis kurz- oder längerfristig anbieten. Ihm mache es grosse Sorgen, dass immer mehr Kulturland an solche Sklavenbesitzer verpachtet würde. – Ich zeige Verständnis für seine Sicht der Dinge, die ich leider nur teilen kann. Ein Rezept dagegen habe ich unglücklicherweise nicht, verspreche ihm aber, die Sache im Auge zu behalten. Ich nehme mir vor, in Rom Gegensteuer zu geben, denn ich bin weiterhin auf die Bauern angewiesen. Sie sind meine politische Stütze gegenüber der starken Fraktion der Adligen.

Die Verpachtung des Weingutes.

Die Bemerkung des Lucius Dentatus gibt mir auch deshalb zu denken, als ich durch diese Entwicklung selbst betroffen bin. Sogleich rechne ich die Bilanz meiner Güter noch einmal nüchtern durch und komme zum Schluss, dass der Gewinn gegenüber früher allmählich schwindet. Wenn ich mein ins Weingut investierte Kapital anständig amortisiert haben will, bleibt auch mir nicht viel anderes übrig, als es an einen Unternehmer zu verpachten. Dass man sich der neuen Situation anpassen muss, gilt auch für mich. Als pragmatischer Mann entwerfe ich sofort einen Vertrag. Die wichtigsten Pflichten und Rechte darin sind: Pflege des ganzen Gutes inklusive den Buschwald und das Getreideland durch den

Unternehmer. Er kommt mit seinen eigenen Rindern aufs Gut, dafür kann er für diese Heu und Grünfutter frei auf dem Gut beziehen. Alle Einkünfte werden zu gleichen Teilen geteilt. – Ich wusste ja von Anfang an, dass das grosse Geld mit Landgütern nicht zu machen ist; tatsächlich verdiene ich heute mit meinen anderen Betrieben, den warmen Quellen, Teichen, Walkereien und Pecherzeugungsanlagen viel mehr, am meisten aber mit Geldverleih.

Die Vergabe des Ölgutes.

Beim grösseren Ölgut warte ich mit einer Verpachtung länger zu, weil es mir ja auch als Landsitz dient; hier gedenke ich nicht so hart zu rechnen wie bei den anderen Betrieben. Über 20 Jahre wurde es durch den gleichen Verwalter zuverlässig geführt. Dieser ist leider im letzten Jahre verstorben. Jetzt habe ich Mühe, einen geeigneten Nachfolger zu finden. Letztes Jahr musste ich schon das Einbringen an einen Unternehmer vergeben, die Ernte wurde von meinen verbliebenen Leuten verarbeitet. Das Resultat war jedoch nicht befriedigend. Dieses Jahr werde ich auch die Verarbeitung der Ernte verpachten müssen. Als Mittelsmann dient ein Geschäftsfreund, der sich in juristischen Belangen besonders gut auskennt. Ich kann nicht mehr wie früher alles selbst überwachen. Also wird dem Unternehmer genau vorgeschrieben, wie er die Oliven zu ernten und das Öl zu machen hat. Denn es soll die gleiche Qualität aufweisen wie das, was unter meiner direkten Kontrolle entstand. So darf die Ernte erst dann beginnen, wenn der Gutsherr oder dessen Vertrauensmann diese bewilligt. Zur richtigen Verarbeitung gehört insbesondere die Benützung der Kollergänge. In einem Vertrag wird genau geregelt, wozu der Unternehmer verpflichtet ist. Er hat zudem als Sicherheit eine Bürgschaft zu leisten. Die auf dem Gut vorhandenen, zahlreichen Leitern sind in dem Zustand zurückzugeben, wie er sie übernommen hat, ausser wenn sie wegen Abnutzung zerbrochen sind. Brechen gute Leitern, hat der Unternehmer diese zu ersetzen. Er soll so viele Leute wie möglich aus der Umgebung einstellen. Alle Arbeitskräfte haben einen Schwur abzulegen, dass sie keine Oliven stehlen und keine Dritten dazu anstiften. Der Unternehmer darf keinen Partner zuziehen, ausser der Gutsherr oder sein Vertrauensmann bewilligen dies. Entsteht ein Schaden, wird dem Unternehmer dessen Behebung vom Lohn abgezogen. Öl und Salz für den Eigengebrauch sind Teil des Lohnes. Die eingebrachten Oliven müssen wie bisher gewaschen und mit dem Hohlmass genau gemessen werden. Als Anreiz für gute Arbeit werden genau festgelegte Zulagen ausbezahlt.

Das Ölgut als Ort des Rückzugs.

Ich bleibe länger als üblich allein auf den Landgütern, um deren Übergabe genau zu regeln. Diese neue Regelung fällt mir nicht leicht, besonders beim Ölgut nicht. Denn dieses wird mehr und mehr zu einem geschätzten Refugium für mich. Das Herrenhaus des Ölgutes bleibt deshalb allein für mich als persönliche Sommerresidenz reserviert. Hierhin kommt die mich umsorgende Livia alle paar Tage, zuerst mit dem Vater, Lucius Dentatus, dann auch allein, um etwas zu bringen oder zu holen. Sie ist mittlerweile eine hübsche junge Frau geworden und will von mir immer wieder genauere Auskunft über das Leben in Rom. Offenbar fühlt sie sich hier auf dem Land zunehmend etwas einsam. Aus ihren Fragen entwickeln sich längere Gespräche, bei denen ich sie als selbstbewusste junge Dame kennen lerne. Dabei beobachte ich sie genau. Unter ihrem weiten Gewand zeichnet sich im Faltenwurf ein hübscher schlanker Körper ab. Dieser erinnert mich an in Rom stehende Skulpturen der Venus aus Marmor. Die dunklen Haare umrahmen ein dunkles, fein geschnittenes Gesicht mit forschenden Augen. Sie hält meinem direkten Blick stand und es blitzt hin und wieder lebenslustig aus ihren dunklen Augen. Diese Frau erinnert mich zunehmend an längst vergangene Erlebnisse, als ich solches Spiel geschickt aufzunehmen verstand. Dies entgeht ihr offensichtlich nicht. Das lese ich ihren Gesten und Bewegungen ab, die auf mich zunehmend kokettierend wirken.

Der Eifer meines Sohnes für das Schwert.

Meinen Sohn Licinianus hatt' ich noch selbst in die Kriegskunst eingeführt. Für ihn vor allem habe ich ein Werk über die Kriegskunst verfasst, das inzwischen auch von Dritten geschätzt wird, weil es viele praktische Fälle beschreibt. Licinianus hatte seine praktische militärische Karriere zunächst als Rekrut in einer Legion des Feldherrn Popilius in der ligurischen Provinz begonnen. Dort stellte er seinen Mann. Popilius muss aber jetzt jene Legion wieder auflösen und damit soll auch mein Sohn aus dem Fahneneid entlassen werden. Jetzt lässt er mich wissen, dass er weiterkämpfen will. Ich lobe ihn brieflich umgehend zu seiner Ehrliebe und zu seinem Eifer für das Schwert. Gleichzeitig halte ich ihn davon ab, ohne Auftrag von oben weiter zu kämpfen und teile ihm mit, dass ich mich für ihn einsetzen werde. Parallel dazu schreibe ich Popilius in einem Brief, er soll meinen Sohn wieder unter den Fahneneid nehmen. – Offenbar war meine Erziehung nicht schlecht. Richtig war aber auch, dass ich auf die Konstitution meines Nachkommen Rücksicht genommen und ihm Zeit gelassen habe. Man kann nicht alles erzwingen.

WINTER 170/169 V. CHR.

Der Tod meiner Frau.

Meine Frau war mir eine treue Gattin nach alt hergebrachter Art. Leider ist sie letzte Woche nach einer kurzen Krankheit gestorben, gegen die meine Mittel nicht ankamen. Einen Arzt habe ich erst kurz vor dem Tod zugezogen. Der Grieche meinte nur, da könne er jetzt auch nichts mehr ausrichten; zu einem früheren Zeitpunkt wäre wohl mehr zu machen gewesen. Was sollte das bedeuten? Er wollte es mir nicht sagen und entfernte sich mit einem gehässigen Spruch zu meiner Einstellung gegenüber der griechischen Heilkunst, die man ja kenne. Jetzt stehe ich wieder alleine da und mache mir Gedanken über die weitere Zukunft. Langsam wird mir bewusst, wie viel hinter mir liegt – und wie wenig Zeit vor mir. Ich habe ohne Zweifel sehr viel erreicht. Mir wird aber gleichzeitig bewusst, dass ich mit meinem Eifer für die Hochhaltung eines sittlichen Lebens nach traditioneller Art einen sehr schwierigen Weg gewählt habe. An allem, was ich selbst predige und predigte, misst man auch mich selbst. Nun bin ich selbst auch nur ein Mensch – und mache Fehler. Diese verzeiht man aber einem nicht, der alle anderen beim kleinsten Fehler an den Pranger stellte. Deshalb bin ich heute folgender Ansicht: Ich verzeihe allen gern ihre Fehler, nur mir selbst nicht. Welche Fehler kreidet man mir an? Man sagt vor allem, ich würde andere an einem schärferen Massstabe messen als ich mich selbst, neigte zum übermässigen Eigenlob, sei ein Eiferer und würde die griechischen Philosophen und Ärzte hassen.

Ein Unglück kommt selten allein.

Bei der Beerdigung meiner Frau lud mich ein hergereister Neffe zu sich nach Hause ein. Er wohnt in der Umgebung meines väterlichen Gutes in den Sabinerbergen. Dorthin marschierte ich eine Woche nach der Beerdigung wie früher in einem Tag und nächtigte beim Verwandten. Am Morgen stand ich mit dem herrlichsten Sonnenaufgang auf und sah wie früher die frisch verschneiten Berge vor mir. Dorthin zog es mich. Ich wollte, wie ich das als Junge oft gemacht hatte, wieder einmal im Schnee stehen. Der Neffe bestand auf einer Begleitung. Also zogen wir anderntags zügig los und erreichten wie geplant den Gipfel. Beim Abstieg jedoch geschah das Unglück. Ich rutschte auf dem vereisten Weg aus, stürzte und kollerte schliesslich über eine steile Böschung, an deren Fuss ich verletzt liegen blieb. Auf dem rechen Bein konnte ich kaum mehr stehen. Gestützt vom Verwandten humpelte ich zurück, ein Wagen brachte mich anderntags auf der schön angelegten Via Appia zurück nach Rom. Hier liege ich nun und muss trotz allen meinen Vorbehalten einen Arzt kommen lassen.

Die Heilung des Beinbruchs.

Der Arzt konstatiert einen Bruch des Oberschenkels der Länge nach mit abstehenden Bruchstellen und lässt mich folgendermassen versorgen: Ein grünes Bambusrohr von 120 Zentimeter Länge wird der Länge nach gespalten. Zwei Helfer halten diese seitlich dicht ans gebrochene Bein und der Arzt beginnt den Knochen durch geschickte Handgriffe zu richten. Ich singe dazu unter grössten Schmerzen folgende Formel:

> Beweg dich ins Gewohnte. Beweg dich ins Gewohnte. Ja beweg dich ins Gewohnte.
>
> Gib und gib dich. Gib und gib dich. Ja gib und gib dich.
>
> Zwei werden eins. Zwei werden eins. Zwei werden eins.

Anderntags nimmt man die halben Rohre weg und legt eine speziell angefertigte, einem Panzer ähnliche Eisenschiene auf und schnürt diese mit Binden fest.

Seither singe ich zur Förderung der Heilung täglich:

> Nicht nicht nicht. Quäle quäle quäle.

Ich werde euern Schaden schädigen. Ich werde euern Schaden schädigen. Ja ich werde euern Schaden schädigen.

Zwei Wochen musste ich liegen. Seither gehe ich wieder an Krücken. Nach zwei Monaten kann ich auf die Schienen verzichten und bin geheilt. Offenbar hat der Zauber geholfen und die Quälgeister milde gestimmt. Denn ich bin mittlerweile fast frei von Schmerzen und gehe jeden Tag besser. Trotzdem mache ich mir Gedanken, wie dies geschehen konnte. Dabei fällt es mir wie Schuppen von den Augen: Mein Vater versöhnte vor jedem Berggang die dort wohnenden göttlichen Wesen und legte auf dem Gipfel ein kleines Opfer nieder, wie wir das auch als Soldaten bei jedem Passübergang zu tun pflegten. Das haben wir, mein Verwandter und ich, offensichtlich unterlassen. Der Name der Sabiner übrigens stammt ab von Sabus, dem Sohn des einheimischen Gottes Sancus. Diesem hätten wir wenigstens vor dem Berggang ein Opfer darbringen sollen!

Göttliche Wesen in Baum und Wald.

Eine genaue Kenntnis der richtigen Formeln gegen böse Mächte und die angemenssenen Handlungen für die guten göttlichen Wesen sind von grösster Wichtigkeit auch in Haus und Hof. Ich habe mir die wichtigsten Riten und Formeln aufgeschrieben. Dazu gehört etwa das korrekte Verhalten beim Roden von Wald, vor allem an Stellen, die ein heiliger Hain sein könnten. In solchen Fällen lasse ich vorsichtshalber ein Ferkel schlachten und spreche selbst folgende Formel aus:

Magst du ein Gott, magst du eine Göttin sein, denen dieser Hain heilig ist, so wie es Recht ist, dir mit einem Ferkel als Sühne ein Opfer zu bringen, um den heiligen Hain dort in seiner Rache zu hemmen und um des Schutzes des Meinigen willen. Sei willig und gütig mir und meinem Hause und meiner Hausgenossenschaft und meinen Kindern! Und um aller dieser Dinge willen sei durch die Opferung dieses meines Ferkels zufrieden gestellt!

168 v. Chr.

Die Heirat meines Sohnes.

Mein Sohn war in diesem Jahr als Offizier in der Schlacht bei Pydna dabei. Ihm wurde im Kampf das Schwert aus der Hand geschlagen. Er aber holte sich nicht nur das Schwert eines Gefallenen, sondern auch seine Kameraden an die Front zurück und focht mit diesen weiter. Nach Ende der gewonnenen Schlacht fand er schliesslich unter Haufen von Leichen von Freund und Feind seinen eigenen Gladius wieder. Dafür lobten ihn seine Vorgesetzten. Mit dieser Schlacht wurde der dritte Makedonische Krieg für uns entschieden und König Perseus entmachtet. Dazu hat mein Sohn seinen Teil geleistet. Er hat jetzt seine Sporen abverdient und ist zum Manne geworden. Die Zeit ist deshalb reif, ihn ordentlich zu verheiraten. Ich habe dafür Tertia im Auge, welche aus dem Hause der Aemilier stammt, einem der ältesten römischen Patrizierhäuser. Die sauber eingefädelte Sache klappt. Der Vater, Lucius Aemilius Paulus, nimmt den förmlichen Antrag meines Sohnes an. Die Hochzeitsfeier erfolgt in würdigem Rahmen. Damit hat mein Sohn eine gute Zukunft vor sich, die er in manchen Belangen mir verdankt.

Ein Traum wird wahr.

Ich gehe im Frühherbst wieder auf das Ölgut. Bei der ersten Gelegenheit begebe ich mich zu Lucius Dentatus und berichte von der Heirat meines Sohnes. Daran schliesst sich ein längeres Gespräch über die allgemeine politische Lage an: Vor dreissig Jahren hatten wir uns im westlichen Mittelmeer durch den Sieg über Karthago durchgesetzt. Es blieb aber eine schwierige Lage im östlichen Mittelmeer zurück. Griechenland, Kleinasien und Ägypten sind stets besonders wichtige, reiche und kulturell hochstehende Regionen gewesen. Unser Glück war, dass diese unter sich stark zersplittert waren, besonders das uns am nächsten gelegene Griechenland mit dem nördlichen Makedonien. Wir machten zunächst alles, dass dies so blieb und unterstützten vor allem die Mittel- und Kleinstaaten gegenüber den Grossmächten des östlichen Mittelmeeres. Schliesslich harrte dieser Raum aber einer dauerhaften Lösung. Diese haben wir jetzt. Mit dem ägyptischen Ptolemäerreich haben wir eine für uns vorteilhafte, einvernehmliche Lösung gefunden. Die zweite Grossmacht, das Seleukidenreich, ist gedemütigt und verkleinert. Und das Wichtigste: Die dritte Grossmacht, Makedonien, ist vernichtet. Die grössere Zahl der dort eingerichteten kleineren Fürstentümer tanzt nach unserer Musik. Nach dem Tod des letzten makedonischen Königs steigt jetzt Rom zum Weltherrscher auf, das Mittelmeer ist unser Meer geworden! – Beim Verlassen des Hauses des geschätzten Nachbarn fällt mir erst auf, wie viel älter Dentatus gegenüber früher geworden ist. Seine hübsche Tochter Livia begleitet mich und bestätigt meinen Eindruck in einem kurzen Gespräch. Gerne nimmt sie meine Einladung an, ihren Vater beim nächsten Besuch auf meinen Hof zu begleiten.

Rom wird weiter ausgebaut.

Am übernächsten Tag kommen Lucius Dentatus und Livia wieder auf den Hof. Sie fragen, wie es jetzt in Rom aussähe. Ich berichte ihnen ausführlich: Unsere militärischen Siege bringen Rom viel Geld. Die Schätze des Westens und des Ostens fliessen jetzt in unsere Stadt. Der Staat und die Bürgerschaft werden reich. Unsere Stadt verändert ihr Aussehen dementsprechend schnell. Dentatus hört gut zu, wirkt indessen dabei etwas bedrückt und kommt langsam zur Sache. Er sagt, dass es ihn freue, wenn unsere Hauptstadt sich so gut entwickle, aber auf dem Land sei alles anders. Die freien Bauern würden am Ort treten, ja noch schlimmer, verarmen. Das spüre auch er selbst. Tatsächlich muss ich zugeben, dass der bäuerliche Mittelstand nicht im gleichen Masse vom Fortschritt im Staat profitiert wie die oberen Schichten. Dentatus sagt es deutlicher: Die freien Bauern sind die Geprellten. Auf ihnen lastet weiterhin der Heeresdienst und sie müssen gleichzeitig gegen die wachsende Konkurrenz der Grossgrundbesitzer kämpfen. Jene können von der massenhaften Einfuhr von billigen Sklaven mehr profitieren als die anders organisierten Kleinbetriebe. Diese Situation kenne ich bestens. Früher war ich unter den Gutsbesitzern ein grosser, heute gibt es aber viel grössere, vor allem in den neuen Provinzen. Wir Politiker müssen diese Sache im Auge behalten und verhindern, dass zu viele Kleinbauern ihr Land verlassen, in die Städte ziehen und dort zu einem städtischen Proletariat werden. Denn als Bürger Roms haben die alten Bauern alle Vorrechte und können früher oder später auf Kosten des Staates leben. So etwas können und wollen wir jedoch nicht finanzieren. Bei der Verabschiedung verspricht mir Dentatus, eine Wachstafel vorbeibringen zu lassen, die ich für einen dringenden Brief benötige. Livia bietet von sich aus an, mir diese am nächsten Tag zu überbringen.

Livia kommt allein.

Livia kommt pünktlich auf die Mittagsstunde. In ihrem dünnen Sommerkleid und ihrem strahlenden Wesen wirkt sie auf mich wie eine Fee, welche die Trübsal des Alltags vergessen lässt. Unüblich für einen Witwer nehme ich das Essen mit dieser jungen Frau zusammen ein. Dabei werden nicht wie unter Alten Sorgen ausgetauscht, sondern Hauptthema ist das quirlige Leben in Rom. Livia will von mir genau wissen, wie die jungen Frauen dort leben, wie sie sich kleiden, was den Männern gefalle und wie diese mit ihnen umgehen. Mit solchen Fragen bringt sie mich hin und wieder in Verlegenheit, insistiert aber, bis sie eine Antwort bekommt. Ihre jugendliche Unbefangenheit fasziniert mich zunehmend. Schliesslich brechen wir zu einem Spaziergang auf und gelangen, uns ungezwungen unterhaltend, bis in die oberen Ölhaine. An der Stelle, wo ich vor genau dreissig Jahren meine erste Mittagsrast eingenommen hatte, setzen wir uns unter den alten Baum mit dem knorrigen Stamm. Ich deute an diesem meinem Lieblingsplatz mit dem schönen Ausblick etwas von der symbolischen Bedeutung des kräftigen Ölbaumes an. Das locker geführte Gespräch geht über von der Kraft des Baumes zur Kraft des Mannes. Offenbar ist Livia nicht ganz unerfahren in solchen Dingen. Ich nehme den Faden auf und gebe pikante Sentenzen über Römerinnen zu besten. Sie kontert mit derberen Geschichten vom einschlägigen Leben auf dem Land. So geht der Ball hin und her. Aus Minuten werden Stunden, auf Worte folgen Taten. Was unter diesem Baum schliesslich geschah, behalte ich aus guten Gründen für mich. Das Wesen dieser jungen Frau zieht mich an und macht mich vorsichtig zugleich. Sie erinnert mich mit ihrer selbstbewussten Art an meine erste grosse Liebe. In welche Richtung wird sich diese tatenfrohe Frau, die im Hause ihres Vaters bereits eine führende Stellung einnimmt, weiterentwickeln?

Über die Sinnesfreuden im Alter und die Frische des Geistes. Mein alter Freund aus Pompei kommt nach langer Zeit wieder einmal vorbei. Schlecht gealtert klagt er mir darüber, dass Männer in unserem Alter der gewohnten Sinnesfreuden zunehmend entbehren müssten. Und dass sie bei denen nichts mehr gelten, von denen sie vorher geachtet wurden. Diesem zum Schwerenöter Gewordenen entgegne ich deutlich, dass er mit seiner Klage bei mir am Ziel vorbeischiesse. Denn es gäbe viele Alte, die dies anders sähen. Jene seien froh, von den Fesseln der sinnlichen Lust befreit zu sein und trotzdem von ihrer Umgebung geachtet zu werden. Sie seien gerade wegen ihrer Anspruchslosigkeit leutselig und freundlich. Misslaune mache einem nämlich vor allem selber das Leben zur Qual. Die eigene geistige und körperliche Lebensführung trüge gerade im Alter die herrlichsten Früchte. Ich selbst hätte das Glück, dass meine Seele auch im Alter noch in einem rüstigen Körper wohne. Deshalb verzichte ich auch nicht auf die sinnlichen Freuden, vor allem auf die mit Frauen nicht. Die jüngste Geschichte behalte ich allerdings schön für mich. Auch die Kraft meines Geistes sei deshalb wach geblieben, weil ich ihn immer genährt habe. Deshalb würde ich nachhaltig geachtet und nicht als müder Alter gesehen, auch wenn ich bald einmal 70 Jahre alt werde. Dabei habe mir wohl geholfen, dass ich nach Art der Pythagoräer jeden Abend das, was ich tagsüber gesprochen, gehört und getan habe, überdenke, auch um mein Gedächtnis zu üben. Überhaupt mache ich mir jetzt mehr Gedanken über mich selbst als früher. Ich lerne in mir langsam eine andere Seite kennen. Diese sei mir bisher verschlossen gewesen, weil mich meine harte politische Arbeit vollauf vereinnahmt habe.

Die weitere Arbeit an der neuen römischen Geschichte.
Ich schreibe täglich an den Origines weiter, was meine ganze geistige Kraft beansprucht. Der erste grosse Teil über die Gründung Roms und die italischen Städte ist fertig. Jetzt bin ich bis zu den Büchern über die Punischen Kriege und damit bis in die Zeitgeschichte vorgerückt. Ich stelle den Staat und die Institutionen in den Vordergrund und lasse dabei die meisten Namen Einzelner weg, was noch viele (eitle) Zeitgenossen ärgern wird. Die Gliederung der zweiten Folge der Origines behandelt nach den beiden punischen Kriege die drei makedonischen Kriege und die Rhodosaffäre. Die Ligurer- und Gallierkriege finden ebenso Berücksichtigung wie die spanischen Kriege. Damit bin ich in der Zeit angelangt, welche ich selbst erlebt und mitgestaltet habe. Dabei stelle ich fest, dass meine Ausführungen immer länger werden. Ich muss mir Mühe geben, den Überblick zu wahren und mich nicht im einzelnen zu verlieren. Die Zusammenhänge herauszuschälen, wie ich mir das zu Anfang des Werkes vorgenommen habe, setzt eine grosse analytische Arbeit voraus. Die nötige Distanz geben mir regelmässige Fussmärsche in die Umgebung. Diese finden nicht immer ganz allein, aber immer in einsamer Gegend statt. Dabei kommt mir ein gewisses abgelegenes, mit neuem Stroh ausgestattetes Schutzhaus sehr zupass, wenn Donner und Blitz angesagt sind. All dies Schöne findet ein Ende mit meiner Abreise nach Rom.

167 v. Chr.

Mein Umgang mit Altersbeschwerden.
Die Überheblichkeit der griechischen Ärzte, die uns Römer schon Barbaren genannt haben, finde ich so unerträglich wie die Tatsache, dass sie aus dem Heilen ein Geschäft machen. Dies wird gerade einem älteren Menschen wie mir bewusst, der besonders im Winter häufiger von Altersbeschwerden geplagt wird. Ich helfe mir so gut wie möglich selbst und konsultiere auch die alten pythagoräischen Schriften. Darin wird vor allem die besondere Heilkraft von Kohl betont, den auch die alten Römer als Allheilmittel oft

anwendeten. Gegen meine Verdauungsbeschwerden gehe ich folgendermassen vor: Wilder Kohl wird getrocknet und zerrieben. Dieses Pulver schütte ich morgens in einen Wasserkrug und trinke diese Flüssigkeit auf nüchternen Magen. Darauf kann ich mich entleeren. Nachher nehme ich das Getränk während sieben Tagen ein. Sobald ich wieder Hunger habe, esse ich gebratenes Fleisch oder gekochten Kohl und Brot. Dazu trinke ich milden, verdünnten Wein und bade in dieser Zeit selten und öle mich nur wenig ein. Diese Prozedur verhilft zu einer guten Gesundheit und stärkt gegen Krankheiten. Auch gegen Gicht hilft wilder Kohl wunderbar. Man nimmt ihn in klein geschnittenen, rohen Streifen zu sich, mit Koreander gewürzt. Wilder Kohl aus dem Essigtopf mit honiggesüsstem Essig und Salz hat ebenfalls eine gute Wirkung. Nicht nur zum Einnehmen ist wilder Kohl gut, sondern auch zum Auflegen. Geschwüre können durch feuchte Kohlwickel geheilt werden. Wenn das Geschwür stark eitrig ist, soll mittels eines Beutels und Strohhalmes Kohlflüssigkeit in das Innere des Geschwürs gedrückt werden. Das wird schnell gesund machen. Gegen meine Hüftschmerzen lasse ich mir ein spezielles Heilmittel zubereiten, in Wein aufgekochte Holzschnitzel aus Wachholderholz. Weil mir oft der Harn schlecht durchgeht, nehme ich morgens oft in nüchternen Magen alten, mit zerstossenen und gekochten Wachholderbeeren versetzten Wein zu mir. Myrtenbeerwein hilft bei anderen Unterleibsschmerzen. Gerade jetzt ist mir eine gute Gesundheit besonders wichtig. Ich tue, was ich kann, um nicht derart gebrechlich zu wirken wie viele andere meines Alters.

166 v. Chr.

Über die Frauen.

Das Los des Witwers behagt mir nicht, ich gedenke nicht lange allein zu bleiben. Also mache ich mir wieder grundsätzliche Gedanken über die Frauen und gehe der Frage nach, welcher Frauentyp zu mir am besten passt. Klar ist mir zunächst, was für eine Frau ich nicht will. Zuwider sind mir besonders die immer mehr Rechte einfordernden Zeitgenossinnen, die sich je länger desto mehr Gehör zu schaffen verstehen. Deren emanzipatorische Aktivitäten haben allerdings schon den richtigen Gegenwind ausgelöst. Als Hüter der guten alten Ordnung habe ich deshalb in diesem Jahr den Gesetzesvorschlag des Quintus Voconius Saxa im Senat unterstützt. Dieses Gesetz verbietet den reichsten Bürgern, den Classicis, eine Frau zur Erbin einzusetzen. Denn eine finanziell unabhängige Frau ist für die Männer eine potenzielle Gefahr. Fälle sind bekannt, wo eine reiche Frau ihrem Mann ihr Geld leihweise überliess und ihn damit über Gebühr von ihr abhängig machen konnte. Im übrigen habe ich mich auch schon dafür eingesetzt, dass die Hausgewalt des Familienoberhauptes weiter unumschränkt gilt. Die Frauen sollen unter der Bevormundung ihrer Väter, Brüder oder Männer stehen bleiben. Dieser Grundsatz müsste bei meiner zweiten Gattin erfüllt sein. Nachdem ich selber genug Ruhm geniesse, bräuchte es diesmal nicht mehr eine aus einem renommierten Geschlecht zu sein. Die Frau müsste mir vielmehr gefallen. Schliesslich ist eine anmutige Frau etwas vom Schönsten auf dieser Welt: Ein Leben ohne Verkehr mit Frauen, wäre wie ein Leben ohne Götter. Meine neue Frau müsste eine Schönheit sein wie unsere unsterbliche Venus. Jüngst wurden wieder ganze Schiffsladungen von Kunstschätzen aus Griechenland nach Rom verbracht. Darunter befand sich eine sich waschende Aphrodite, wie sie dort diese Gottheit nennen. Diese wohl geformte Figur ist von einer ausdruckstarken jugendlichen erotischen Ausstrahlung, wie ich sie mir für meine künftige Gattin wünsche.

Meine zweite Frau und mein zweiter Sohn

160 v. Chr.

Amors Pfeil trifft auf dem Land ins Ziel.

Ich habe mein Tagebuch wieder hervorgeholt, das einige Jahre verschlossen blieb. Denn es bahnt sich in meinem Leben etwas neues an. Schon bei Livia habe ich mich von einer neuen Seite her kennen gelernt. Früher war ich ein Draufgänger, der sich genommen hat, was er gerade wollte. Jetzt kenne ich mich selbst nicht mehr ganz: Gefühle kommen allmählich mit ins Spiel. Und dieses Spiel hat seine eigenen Regeln, die auch ich nicht ändern kann. Was sich zunächst wie eine Episode zwischen einem alten, über 75-jährigen, aber immer noch kräftigen Römer und einer jungen Frau unfreier Herkunft langsam anbahnte, wird zu einer Liebesgeschichte, der ich mich wie ausgeliefert fühle. Jetzt erlebe ich an mir selbst die alte Weisheit, dass die Seele eines Verliebten in einem fremden Körper lebt. Hin und her gerissen bin ich, der ich früher einer weit verbreiteten Lehre gewiss war, dass im Reich der Sinneslust der Verstand keinen Platz mehr fände, der Geist ersticke. Davon merke ich jetzt durchaus nichts, mein Geist scheint mir beflügelt zu sein! Und all das durch eine noch nicht Zwanzigjährige, ein ebenso hübsches und zartes wie unbeschriebenes Blatt.

Salonia.

Salonia war zunächst nicht mehr als eine reizende, in meinem Haus arbeitende Bedienstete, welche mir durch manche Handreichungen die Schattenseiten des Greisenlebens aufhellte. Weil sie sich bald als heller Kopf erwies, begann ich sie zusammen mit meinem Sekretär, ihrem Vater, häufiger auf meine Landgüter mitzunehmen. Er erledigte meine politischen Geschäfte und sie weckte mit ihrer Fürsorge in mir neue Lebensgefühle. Ihr blieb dies offenbar nicht verborgen, sie trat in ihrer natürlichen Art immer näher an mich heran, mich fast so zärtlich umsorgend wie ihren eigenen Vater. Ich begann Salonia von einer anderen Seite wahrzunehmen mit ihren flinken und zugleich anmutigen Bewegungen. Mir gegenüber zollte sie den nötigen Respekt, trat aber auch nicht so distanziert wie die übrigen Dienerinnen auf. Bei zufälligen Berührungen zuckte sie nicht zurück. Wenn ich sie in ein Gespräch verwickelte, kamen aus ihrem hübschen Mund die überraschendsten Antworten, begleitet von fragenden Augen. Ihre gereizten Seitenblicke auf Livia blieben mir dabei nicht verborgen. Ich hänselte sie deswegen. Sie replizierte geschickt, zuweilen mit keckem Blick. Und so kamen wir uns insgeheim näher. Die Glut der Begierde begann sich bei mir ungewollt mit stärker werdenden Anflügen von Liebe zu vermischen. Dabei habe ich mein eigenes Wort einem alten Mann gegenüber nicht ganz vergessen: Mensch, bürde doch nicht dem Alter, dem man ohnehin viel Vorwürfe macht, noch die Schande des Lasters auf. Salonia ist immerhin jünger als mein eigener Sohn. Trotz dieses Altersunterschiedes folgten gemeinsame Stunden, in immer kürzeren Abständen, ohne dass jemand anderes je davon erfuhr. Nur Livia bemerkte die Veränderung bei ihren gelegentlichen Besuchen. Diese wurden seltener – und blieben schliesslich ganz aus.

Im Zwiespalt.

Ich gerate in einen Zwiespalt. Einerseits verlange ich von allen Bürgern eine tugendhafte Lebensweise, andererseits erlebe ich mit Salonia eine für mich neue Welt. Wie beim einsamen Baum mit dem vernarbten Stamm spriesst in mir eine Kraft, die einer Krone, wenn auch einer gelichteten, genügend Lebenskraft zuführen kann. Ich lasse der Natur ihren Lauf und gebe damit der aufkeimenden Liebe den Weg frei, allerdings mögliche Konsequenzen auf meine Umgebung bereits ahnend. Salonia lerne ich zunehmend als junge Frau kennen, die ihre Zurückhaltung in der Zweisamkeit nach und nach ablegt. Sie wird mit der Natürlichkeit eines grossen Kindes anhänglich und anschmiegsam, bleibt aber immer sich selbst. Das zieht mich vollends in ihren Bann. Schliesslich kommt es eines abends auf dem Ölgut zu einer gemeinsamen Nacht, die zunächst unser streng gehütetes Geheimnis bleibt. – Einige Tage später kommt Livia überraschend allein auf den Hof. Ich bin irritiert und sehe gleichzeitig ihrem Gesichtsausdruck an, dass etwas besonderes geschehen ist. Sie überbringt gefasst die traurige Nachricht vom Tode ihres Vaters. Ich tröste sie während eines längeren Gesprächs, bevor sie nach Hause zurückkehrt. Jetzt ist also mein Leben um meinen zweiten Freund ärmer. Das lässt mich älter werden, als ich es schon bin. Deprimiert lasse ich packen und ordne die Rückreise aller Bediensteten mit einem Wagen nach Rom an. Wie wird diese Geschichte dort weitergehen? Früher habe ich den weiteren Verlauf solcher Entwicklungen selber bestimmt und das Ruder in die Hand genommen; jetzt lasse ich zuweilen die Zügel etwas lockerer. All dies geht mir durch den Kopf, während ich über die Via Appia nach Rom reite, mit meinem verdienten Pferd dem Wagen folgend.

Im Stadtgut geht die Geschichte weiter.

Was auf dem Land mit Salonia begann, geht im Stadtgut weiter; die junge Schönheit kommt immer häufiger heimlich in mein Schlafzimmer geschlichen, sobald Ruhe im Haus eingekehrt ist. Dies bleibt allerdings meiner aufmerksamen Schwiegertochter nicht verborgen, die als jung Verheiratete mit meinem Sohn im gleichen Haus wohnt. Als gestern Nacht Salonia etwas dreist am Zimmer meines Sohnes vorbeifegte, schaute dieser ihr, wie sie mir sofort berichtete, missbilligend nach, sagte aber nichts. Heute morgen schneidet mich mein Sohn offensichtlich. Wie gewohnt gehe ich zur üblichen Zeit auf den Markt, heute allerdings mit einem speziellen Ziel. Ich suche dort nach dem Vater meiner jungen Geliebten, der bis vor kurzem mein vom Staat entlöhnter Sekretär gewesen war und jetzt noch zu meinem Gefolge gehört. Ich treffe ihn in der Schenke, wo ich in der Stadt gewöhnlich den Mittagsimbiss einnehme, und frage ihn mit lauter Stimme, ob er sein Töchterchen schon verlobt habe. Er antwortet, das würde er gewiss nicht machen, ohne mit mir darüber vorher gesprochen zu haben. Darauf entgegne ich ihm: Nun gut, ich habe einen passenden Schwiegersohn für dich gefunden, falls man nicht etwa an seinem Alter Anstoss nimmt. Sonst ist zwar nichts an ihm auszusetzen, aber er ist nicht mehr der Jüngste. Darauf meint der Vater, dass ich das selbst entscheiden solle, da sie ja in meinen Diensten stehe. Meine Antwort, dass ich seine Tochter selbst als Frau begehre, jagt ihm zunächst einen gehörigen Schrecken ein. Der verfliegt allerdings bald wieder, wie Salonius merkt, dass es mir ernst ist und er sich glücklich schätzen kann, einen gewesenen Konsul als Schwiegersohn zu bekommen. Noch auf dem Markt wird schliesslich die Verlobung abgeschlossen. Zu Hause eröffne ich Salonia unter vier Augen das Geschehene, sie ist überrascht, fällt mir aber schliesslich um den Hals. Offensichtlich hat sie sich als kluge Frau schon länger Gedanken um ihre eigene, ungewisse Zukunft gemacht. Ihr ist wohl auch nicht verborgen geblieben, was mit Arbeitskräften geschieht, die vom Hausherrn geschwängert werden.

Der Sohn macht Schwierigkeiten.

Während der Hochzeitsvorbereitungen ruft mein Sohn die Verwandtschaft zusammen und fragt mich ganz direkt, ob ich ihm etwas vorzuwerfen oder ob er mich irgendwann gekränkt habe. Denn es sei doch ungewöhnlich, dass ich ihm eine Stiefmutter, noch dazu eine, die jünger als er selbst sei, ins Haus bringe. Er stellt mich schliesslich mit meinen eigenen früheren Worten zur Rede und erinnert mich an die korrekte Haltung eines Ritters in jeder Lebenssituation. Dabei flechtet er das von mir geächtete Diktat der Triebe mit meinem eigenen Ausspruch ein: «Liebe ist etwas anderes als Begierde. Gleich kommt das eine herbei, wenn das andere Platz gemacht hat; das eine ist gut, das andere ist schlecht.» Er erwähnt beiläufig die Lust als stärkste Lockspeise des Bösen. Und er deutet an, dass mir meine Gegner ja schon lange derbe Sinnlichkeit vorwerfen würden. Dann macht er eine Andeutung wegen Livia und lässt durchblicken, dass diese wenigstens älter als er und Tochter eines Freigeborenen gewesen wäre. Das ist mir zuviel, diese Blossstellungen führen zu einem meiner Temperamentsausbrüche. Blitzartig fällt mir jedoch, zumal mein Sohn rhetorisch geschickt argumentiert hatte, auch ein guter Ausspruch ein, derjenige des ehemaligen Tyrannen von Athen, der in einer ähnlichen Situation schön bissig reagiert hatte. Also sage ich meinem Sohn in sarkastischem Ton: Gott bewahre, mein Sohn! Ich bin vollkommen zufrieden mit dir und habe dir nichts vorzuwerfen. Aber ich wünsche mir noch mehr solche Söhne wie du zu haben und solche Bürger dem Vaterland zu hinterlassen. Dieser Ausspruch verschlägt ihm die Sprache.

Anhaltende Verletzung.

Tief scheint sich bei meinem Sohn diese Äusserung als Demütigung eingegraben haben. Er vertraut unseren Wortwechsel Dritten an, so dass mein ominöser Satz da und dort kolportiert wird. Das wiederum kann ich ihm nur schwer verzeihen. Allerdings komme ich auch zur Einsicht, dass ich meinem Sohn in Ruhe hätte erklären sollen, dass nicht nur der Körper, sondern auch der frische Geist Salonias mich bannt. Das ihm gegenüber zuzugeben, hatte und habe ich jedoch den Grossmut nicht. Er bekommt immerhin mit, dass es in mir gärt. Schliesslich heilt die Zeit auch diese Wunde. Nach wenigen Wochen vertragen wir uns wieder einigermassen. Bei meiner Schwiegertochter Tertia allerdings hängt die Geschichte länger nach. Nicht nur in der Familie, auch in meiner anderen Umgebung, stösst meine Heirat auf Unverständnis. Auf dem Landgut meint man, die neue Herrin, die sie bisher nur als Magd kannten, in ihrer neuen Rolle nicht gebührend behandeln zu müssen. Das weckt in mir den alten schroffen Geist. Ich schreibe deshalb dem Gesinde genau vor, was zu tun und wie meine neue Frau zu behandeln ist.

159 v. Chr.

Der zweite Sohn.

Jetzt sind zehn Monate seit meiner erneuten Heirat vergangen und schon ist mein zweiter Sohn geboren. Diesem Spross einer echten Liebe gebe ich nach der Mutter den Beinamen Salonianus. Viele

Wochen verbringen wir jetzt im Sommer auf dem Land und empfangen hier junge und alte Gäste. Salonia erweist sich, wie einst meine verstorbene Frau, als angenehme Gemahlin. Sie wird zu einer guten Gastgeberin und weiss, wann sie sich zurückziehen muss. Ihre Gerichte munden meinen Gästen, zumal sie stets auf eine volle Speisekammer zählen kann. Ein rechter Gutsherr hat ja nicht nur stets einen vollen Öl- und Weinkeller, sondern auch entsprechende Speisevorräte, vor allem Milch, Käse und Honig. Und auf dem Hof stehen jederzeit genügend Schweine, Ziegen, Lämmer und Hühner zur Verfügung. – Zu Salonia habe ich im übrigen ein anderes Verhältnis als zu meiner ersten Frau, sie war und bleibt meine Geliebte. Sie übt auf mich eine nicht versiegende Anziehungskraft aus, der ich mich in einer Art hingebe, wie ich dies als junger Mann nicht gekannt habe. Anstelle des schnellen Gipfelsturms tritt der gemeinsame Aufstieg und Gang auf dem Höhenweg.

Vergabe der Oliven ab Baum und der Trauben ab Stock.
Die Entvölkerung des Landes geht weiter, was gravierende Auswirkungen auf meine Betriebe auf dem Land hat. An eine Führung des Ölgutes nach der alten Art durch einen Verwalter ist nicht mehr zu denken. Sogar die Verpachtung an einen Unternehmer, wie ich dies mehrere Jahre gemacht habe, ist kaum mehr gewinnbringend. Deshalb entschliesse ich mich zu einem neuen Mittel, der Versteigerung der Ernte ab Baum in der nächsten Stadt. Dies geht so: Der Versteigerer erhält sofort eine Vermittlungsgebühr. Der Käufer zahlt die Ernte nach Abschluss derselben, hinterlegt aber vorher eine Bürgschaft. Und die Geräte, welcher er aus seinem Bestand auf das Gut schafft, dienen als Pfand bis zur Entrichtung des ganzen Kaufpreises. Der Käufer kann die Einrichtungen des Hofes benützen (Keltern, Taue, Leitern und Kollergänge), muss aber alles heil zurückgeben, ausser wenn es wegen Abnützung zerbrochen ist. Fehlende Gegenstände muss er angemessen entschädigen. – Nachdem die Erfahrungen mit diesem Handel gut waren und meine finanzielle Bilanz stimmt, verfahre ich auf dem Weingut genau gleich und verkaufe die Trauben ab

Stock. Dort gilt die Regel, dass der Trester und die Hefe auf dem Gut zu verbleiben haben. Der gewonnene Wein darf im Gut bis zum nächsten 1. Oktober gelagert werden. Wenn der Käufer der Trauben den Wein nicht bis zu diesem Termin abtransportiert, fällt er an den Gutsherrn. Sonst sind die Bestimmungen gleich wie für den Verkauf der Oliven ab Baum.

155 v. Chr.

Ausweisung der griechischen Philosophen.

Die Weiterarbeit an meinem Geschichtswerk nimmt mich sehr in Anspruch. Jetzt ist der grösste Teil der «Ursprünge» fertiggestellt. Nach einer Zeit des Unterbruchs finde ich wieder etwas Musse zur Fortführung der Eintragungen im Tagebuch. Mein mittlerweile vierjähriger Sohn gedeiht, bald kann ich mit seiner Bildung beginnen. Nach wie vor bin ich als Sittenwächter tätig, gefragt und ungefragt. In diesem Jahr findet eine Gruppe eingereister athenischer Philosophen in unserer Stadt grosse Beachtung. Die Griechen sind rhetorisch bestens geschult, unsere Jugend hängt an ihren Lippen. Jetzt beginnt sogar ein vornehmer Römer beflissen deren Lehren ins Lateinische zu übersetzen. Das ist mir zuviel. Ich gehe in den Senat, beschwere mich bei den Behörden und sage: Man muss möglichst rasch einen Entschluss fassen und den Gesandten Bescheid geben, so dass sie in ihre Schule zurückkehren. Sie sollen nur die Kinder der Griechen unterrichten, die römischen Jünglinge dürfen aber, wie früher, nur Gesetze und Obrigkeitliches hören. Schliesslich bin ich der Meinung, dass die griechische Philosophie die Jugend auf den falschen Weg bringen kann. So wertvoll wie die griechische Philosophie für einen reifen Alten sein kann, so verführerisch ist sie für die schwärmerische Jugend. Wir können in der Republik keine vergeistigte Jungmannschaft brauchen, zu viel steht auf dem Spiel; Rom braucht tapfere Männer, die voll im Leben stehen und unsere Werte mit Taten, nicht mit Worten, hochhalten. Der in den vergangenen Jahrzehnten erfolgte politische und militärische Niedergang Griechenlands muss uns ein Warnzeichen sein, dass unser römischer

Staat nicht dasselbe Schicksal erleidet. Überhaupt unterliegt unsere Gesellschaft zu vielen fremden Einflüssen, wir müssen unsere eigene Lebensform bewahren, sonst verlieren wir unsere Identität. Das ist die grosse Gefahr und Schattenseite unseres mächtig gewordenen Staates.

153 v. Chr.

Ein schmerzlicher Verlust.

Mein erster Sohn erkrankt. Ich lasse ihn nach meinen besten Rezepten behandeln. Aber er wird schwächer und schwächer und stirbt schliesslich. Aus diesem jungen Mann hätte noch etwas grosses werden können. Er war zwar ziemlich anders als ich, vor allem weniger draufgängerisch. Aber er hat sich bereits als geschickter Jurist einen Namen gemacht. Ich trage den herben Verlust nach aussen mit philosophischer Ruhe und gehe weiter meinen Geschäften nach. Im Innersten allerdings verkrafte ich ihn nur mit Mühe. Ich mache mir grundsätzliche Gedanken über das Leben und über mich selbst in diesem Leben. Mir bleibt nicht verborgen, was meine zweite, unstandesgemässe Heirat bewirkt. Man sagt, ich hätte meinen Sohn damit vergrämt und eine andere Behandlung durch seinen Vater wäre angemessen gewesen. Offensichtlich leidet meine Glaubwürdigkeit mehr unter dieser Sache, als ich dies voraussehen konnte. Man trifft mich hier an meiner Achillesferse.

Die letzten Jahre

153/152 v. Chr.

Über das Alter.

Ich bin jetzt bald 80 Jahre alt und weiss, dass ich nur noch wenige Jahre zu leben habe, wenn überhaupt. Viele sehen das Alter als Übel. Das hat aber etwas Widersinniges: Alle wünschen ein hohes Alter zu erreichen, haben sie es dann geschafft, dann beklagen sie sich darüber. Ich selbst folge der Natur wie einer Gottheit und füge mich ihr. Nachdem das Schicksal die ersten Altersstufen eines Lebens so gut gefügt hat, wird sie wohl auch das richtige für den letzten Akt des Lebens vorgesehen haben. Wie bei den Baum- und Feldfrüchten gibt es eine Phase des Blühens, Reifens und schliesslich des Welkens und Abfallens. Der weise Alte muss das mit Gleichmut hinnehmen. Sonst kämpft er gegen ein Naturgesetz, wie einst die Giganten gegen die Götter gekämpft haben und schmählich gefallen sind. Ich selbst pflege im Alter vor allem drei Dinge: Die politische Tätigkeit, das Schreiben von Büchern und das erholsame Leben auf dem Land. Das letztere gibt mir Anlass zu mancherlei Betrachtungen. Während meines letzten Besuchs auf dem Ölgut treffe ich zufällig Livia auf dem Markt der nahen Stadt. Sie ist eine stattliche Frau geworden. Nach dem Tod ihrer Mutter erbte sie als einziges Kind das väterliche Gut und heiratete. In der Ehe spielt sie, wie ich höre, nicht die alt angestammte Rolle einer treuen Dienerin ihres Mannes. Währschaft wie ihr Vater und selbstbewusst geht sie durchs Leben. Auf dem Nachhauseweg denke ich mir: Auch wenn mich diese Landfrau immer noch magisch anzieht, habe ich doch für mich richtig gehandelt.

Die Africa-Mission.
Zusammen mit neun anderen Senatoren werde ich vom Senat nach Karthago geschickt. Es geht um die Klärung in einem Zwist zwischen den Puniern und den Numidiern. Deren König Masinissa ist ein Freund des römischen Volkes. Was treffe ich in Karthago an? Trotz der Zerstörungen und des durch uns nach dem letzten Krieg auferlegten Tributs eine blühende Stadt. Darin wohnt eine kräftige junge Mannschaft, alles strotzt von Reichtum – und von Waffen! Das ist mir zuviel. Nach Rom zurückgekehrt halte ich im Senat eine flammende Rede: Es ist wieder an der Zeit zu handeln. Karthago wurde durch die Niederlagen nicht schwächer, sondern kriegserfahrener. Wenn dem auf wundersame Weise erstarkten Punischen Reich nicht das Genick gebrochen wird, ist der Konflikt mit Masinissa nur die Vorstufe zu einem weiteren Kampf mit Rom. Ich bringe mein Alter und meine Erfahrung ins Spiel und fordere vor allem die Jungen zum mutigen Handeln auf. Ich erinnere sie daran, wie die Vorfahren mit solchen Gefahren umgegangen seien. Senatoren, die Vertragsverhandlungen als die richtige Lösung vorgeschlagen hätten, seien zu Recht als Weicheier verschrieen worden. In solchen Situationen gibt es nur eine Lösung: Krieg! Wie einen Pfeil schreie ich zum Schluss im bissigsten Ton mein ceterum censeo heraus, dass Karthago restlos zu zerstören sei.

Der Trick mit der Feige.
Die Curie erstarrt zu gebanntem Schweigen. Ich aber raffe mit grosser Geste meine Toga, trete mich abwendend aus dem Kreis, lasse dabei absichtlich ein paar besonders grosse Feigen zu Boden fallen, und sage beim Hinausgehen beiläufig: Das Land, das diese Feigen trägt, ist nur drei Tage Seefahrt von Rom entfernt. Das tut seine Wirkung, es kommt Bewegung in die Runde, aus einzelnen Zwischenrufen wird einmütiges Geschrei, in das schliesslich auch die (im Senat gut vertretenen) Hasenfüsse mit einstimmen. So wird schliesslich die Kriegserklärung durchgesetzt. Als Feldherr bestimmt man einen jungen fähigen Mann, der bereits Proben seiner Umsicht und seines Wagemuts zugleich gezeigt hatte. Ich charakterisiere diesen Mann, dem ich zutraue, den dritten Punischen

Krieg zum letzten zu machen, mit den Worten: Er allein hat Verstand, die anderen sind flatternde Schatten. Mit diesem Ausspruch verschaffe ich mir einmal mehr neue Feinde. Das bin ich jedoch hinlänglich gewohnt.

151 v. Chr.

Freuden des Landlebens.

Lebensfreude durchzieht wieder meinen Alltag, besonders bei meinen Aufenthalten auf den Landgütern mit meiner jungen Frau. Wie früher gehe ich hier einem geregelten Tagesablauf nach. Zuerst wasche ich mich mit kaltem Wasser und reibe mich mit Olivenöl ein. Nach dem kalten Morgenimbiss führt mich mein erster Gang in schlichter bäuerlicher Kleidung zu den Ställen. Ich kontrolliere genau, ob die Zugochsen in gut eingestreuten Ställen stehen, genügend Futter verabreicht wird, das Fell geputzt ist und die Hufe in Ordnung sind. Wenn mein Reitpferd aufs Landgut verbracht wurde, gehe ich selbstverständlich zuerst in dessen Stall. Das Pferd wird täglich gestriegelt, egal, ob es geritten wird oder nicht, und verfügt über eine eigene Weide. Im Feld habe ich gelernt, wie wichtig die Arbeitstiere für den Menschen sind. Deshalb pflege ich persönlichen Kontakt zu den Pferde- und Ochsenknechten. In deren Obhut kommen in der Erntezeit oder bei anderen arbeitsintensiven Vorhaben hin und wieder auch Maultiere. Nach dem Rundgang durch die Ställe folgt die Inspektion der Felder. Besonders gerne schaue ich nach dem Gedeihen der Saat. Darauf führt mich der weitere Rundgang zu den Baumkulturen. Die Mittagszeit verbringe ich mit der Familie. Auf die Siesta folgen meine schriftstellerischen Arbeiten im Arbeitszimmer. Am Abend lade ich gerne Bekannte und Nachbarn ein und lasse ihnen eine reich gedeckte Tafel aufstellen. Auf dem Tisch steht beim Essen stets ein Tonkrug mit Olivenöl der ersten Pressung und natürlich der beste Wein. Der ganze Raum wird beleuchtet durch kleine Öllampen. Vor dem Haus brennen stets zwei Kienspäne. Bei mir sitzt man weiterhin zu Tisch. Die neue Mode des Liegens hab ich mir verbeten. Eine fröhliche Tafelrunde mit Alten und Jungen, die etwas zu berichten haben, gehört für mich zum Schönsten in diesem Leben. Hier kann man Freundschaften schliessen und über wackere und tüchtige Männer Gutes berichten. Die Schlechten und Nichtswürdigen haben dabei nichts zu suchen, weder durch ihre Präsenz noch als Gesprächsthema.

Die Anekdote über den jungen Papirius.

Beim Abendessen gebe ich Anekdoten wie die folgende zum Besten: Früher gab es die Sitte, dass die Senatoren mit ihren jungen, die Toga praetexta tragenden Söhnen in den Senat gingen. Als einmal eine wichtige Angelegenheit verhandelt und auf den nächsten Morgen vertagt wurde, beschloss man, niemand dürfe den Verhandlungsgegenstand ausplaudern, bevor er entschieden sei. Und darauf entwickelt sich diese Geschichte: Zu Hause fragt die Mutter des jungen Papirius, der mit seinem Vater in der Curie gewesen war, ihren Sohn, was die Väter im Senat verhandelt hätten. Der Knabe antwortet, er müsse schweigen und dürfe nichts ausplaudern. Das Weib wird neugieriger; die Geheimhaltung und das Schweigen des Knaben stachelt sie zum Nachbohren an, sie fragt drängender und heftiger. Von der Mutter bedrängt fasst der Knabe den Entschluss zu einer drolligen und lustigen Lüge. Er sagt, es sei im Senat verhandelt worden, ob es vorteilhafter scheine und dem Staat nütze, dass ein Mann zwei Frauen habe oder ob eine Frau mit zwei Männern verheiratet sei. Die Mutter erschrickt und verlässt ängstlich das Haus, um den übrigen Hausfrauen die neue Nachricht zu überbringen. Am nächsten Tag kommt eine ganze Schar von Hausmüttern zum Senat. Weinend und beschwörend bitten sie, es möchten doch lieber zwei Männer eine Frau bekommen als ein Mann zwei Frauen. Die Senatoren fragen beim Hereingehen in die Curie verwundert, was für ein ungemässes Betragen es denn bei den Weibern sei und was diese Bitte bedeuten soll. Da tritt der junge Papirius in die Mitte der Curie vor und erzählt, wie seine Mutter unbedingt habe etwas hören wollen und was er der Mutter vorgeflunkert habe. Der Senat freut sich ungemein über die Zuverlässigkeit und den Einfallsreichtum des Knaben und beschliesst, dass künftig Knaben nicht mehr mit ihren Vätern die

Curie betreten, mit Ausnahme jenes einzigen Papirius. Und später erhielt der Knabe den Ehrennamen «Praetestatus» wegen seines klugen Schweigens und Redens in einem Alter, als er noch die Toga praetexta trug.

Wie man mir als Alter begegnet.

Jetzt erlebe ich das selbst, was ich als junger Mann oft bei angesehenen Alten beobachtete. Man ergreift meine Hand zum Kuss, man macht mir zum Sitzen Platz, wenn ich zu einer öffentlichen Versammlung gehe, steht vor mir auf und begleitet mich nach Hause. Man macht mir Höflichkeitsbesuche und fragt dabei um Rat. Immer wieder kommen jüngere Leute von weit her zu mir und stellen gescheite Fragen. Eine solche ist etwa: Wie kommt man am sichersten zu einem Vermögen? Darauf antworte ich: Gut weiden. Wie als zweites? Die Antwort ist: Recht gut weiden. Wie als drittes? Darauf sage ich: Gut pflügen. Nicht alle verstehen meine tiefgründigen Witze, die zu einem guten Ausspruch ebenso gehören wie zu einer guten Rede. Meine Aussage zum Vermögen hat in Tat und Wahrheit einen tieferen Kern, den ich ernst meine. Der Landbau ist eine sichere und nachhaltige Anlage, wenn man ihn sorgfältig betreibt. Und er bereitet Freude. Ich selbst geniesse das Landleben im Alter noch mehr als in jungen Jahren. Die Kornfelder, die satten Wiesen, die gedeihenden Ölbaumpflanzungen, die spriessenden Weinberge bereiten ebenso viel Genuss, wie die Gemüse- und Obstgärten, die Vielfalt alles Blühenden. Vor allem erfüllt mich mit Freude, dass ich einen Sohn habe, der dies alles erben und später meine Güter seinen Nachkommen weitergeben kann. Denn mein Testament ist längst gemacht. Ich habe in meinem Leben nur drei Dinge bereut: Erstens meiner Frau ein Geheimnis anvertraut zu haben, zweitens zu Schiff an einen Ort gereist zu sein, wohin ich auch zu Land hätte kommen können, und drittens einen Tag verbracht zu haben, ohne mein Testament geschrieben zu haben.

Gedanken über mich selbst.

Ehrerbietungen nehme ich heute an, früher fühlte ich mich davon abgestossen. Was ist geschehen? Mir kommt dabei in den Sinn, dass man mich zunehmend darauf aufmerksam macht, auch ich sei gegen Korrumpierung durch die Macht nicht gefeit. Vielleicht ist etwas Wahres daran. Früher habe ich auf die Frage, warum viele unbedeutende Bürger Statuen auf öffentlichem Grund hätten, ich jedoch nicht, geantwortet: Mir ist es lieber, man fragt, warum ich keine Statue habe, als warum ich eine habe. Dann aber kam der Tag, als mir nach der Zensur doch in Rom eine Statue gesetzt und auf den Sockel der folgende Text eingemeisselt wurde: «Weil er als Censor den wankenden und zum Schlimmen neigenden Staat der Römer durch kluge Führung und durch weise Gewöhnung und Anleitung wieder aufgerichtet hat.» Und ich liess es zu, obwohl man den Satz von mir kannte, ein guter Bürger dürfe nicht dulden, dass man ihn lobe, es sei denn, es geschähe zum Nutzen des Staates. Man begann mir auch einen Hang zum Selbstlob vorzuwerfen, etwa meines Ausspruchs wegen, der Senat blicke in schweren Zeiten auf mich wie die Schiffsmannschaft im Sturm auf den Steuermann. Tatsächlich bin ich, wie eingangs erwähnt, der Meinung, dass man schöne Taten mit schönen Worten aufnehmen muss, damit sie nicht des Ruhmes verlustig gehen. Mein Vermögen beruhe nicht nur auf den Einkünften aus den Landgütern, sondern auch auf dem anrüchigen Geldverleih, ist ein weiterer Vorwurf an mich. Wieso sollte ich mich nicht wie andere an dem einträglichen Geschäft der Seedarlehen beteiligen? Mehr als solche Vorhaltungen gibt mir das Gerücht zu denken, meine Auffassung von Medizin und mein kritisches Verhältnis zu den Ärzten habe den frühen Tod meiner Frau und meines ersten Sohnes mitverursacht. War ich hier vielleicht zu selbstsicher und unterschätzte das Können der Griechen?

150 v. Chr.

Gewisse Änderungen.
Ich achte als alter Mann bewusst darauf, dass meine innere Haltung nicht in Sturheit umschlägt, zumal die Alten oft dazu neigen, mürrisch, verdriesslich und jähzornig zu werden. Dies liegt aber gewiss nicht am Alters selbst, sondern am Charakter. Nicht jeder Wein, aber eben auch nicht jeder Mensch, wird durch das Alter sauer. Vor allem will ich nicht in den Ruf eines Geizigen kommen; denn Geiz macht im Alter keinen Sinn. Der Wunsch, dann mehr Reisegeld haben zu wollen, wenn der vor einem liegende Weg kürzer wird, ist absurd. Übrigens: zwischen Einfachheit und Geiz besteht ein deutlicher Unterschied. – Täglich versuche ich mich neuen Situationen offen gegenüber zu verhalten. Dabei hilft mir die pragmatische Salonia. Sie kritisiert mich zwar nicht offen, öffnet mir aber mit ihrem unbekümmerten Wesen trotzdem neue Wege, ohne dass ich bei Kursänderungen mein Gesicht verlieren müsste. Das äussert sich in für mich belanglosen Dingen. So werden die alten treuen Sklaven kaum mehr verkauft. Und wir lassen die Häuser nun doch verputzen.

149 v. Chr.

Noch einmal zu den Griechen.
Trotz häufiger Schmerzen an den Gelenken und im Unterleib schreibe ich unverdrossen an meinem grossen Werk, den Origines, weiter. In den siebten Band trage ich gewisse meiner Reden ein, weil sie mir denkwürdig genug erscheinen. Eine weitere Arbeit ist der Sammlung guter Sätze von bedeutenden Personen gewidmet. Diese entnehme ich vielfach griechischen Büchern und nenne sie Apophtegmata. Je älter ich werde, desto mehr beschäftige ich mich wieder mit den Schriften der Griechen, auch der Philosophen. In ihrer Lehre steckt zuweilen doch mehr, als ich mir als Mann mittleren Alters zugab. Es gibt ja bekanntlich Werke, die man als junger Mann kaum verstehen kann, die einem aber im gereifteren Alter viel zu sagen haben. Das erlebe ich jetzt selbst. Noch bin ich

mir nicht ganz schlüssig, was ich letztlich von einem Plato halten soll. Ich werde mich deshalb weiter mit ihm beschäftigen. Im übrigen zählt die Kunst der Griechen in Rom immer mehr, ihre Skulpturen, ihre Schriften und ihre Bauten. Auch in Erziehung, Wissenschaft und Heilkunst nimmt ihr Einfluss keineswegs ab. Offenbar war mein Kampf gegen das überbordende Griechentum nicht erfolgreich.

Erfolg und Misserfolg.

Immerhin bestätigt sich, dass wir Römer im Mittelmeerraum in der Kriegskunst effizienter sind, unser Reich wird gross und grösser. Da und dort flackert zwar hin und wieder Widerstand auf, aber den wissen wir zu meistern. Allerdings dürfen wir auch nicht überborden. Unerhört hat sich in Spanien etwa unser Servius Galba gegenüber den Lusitaniern verhalten, deshalb wird ihm jetzt der Prozess gemacht. Es empört mich, dass er in der gleichen Position, die ich einst in Spanien ausfüllte, Einheimische, die sich ergeben hatten, töten oder versklaven liess. Trotz meines Alters, der dünn gewordenen Stimme und der schwachen Kräfte versuche ich Galba mit meiner notorisch scharfen Zunge der gerechten Strafe zuzuführen, was mir leider nicht gelingt. Regelmässig gehe ich in den Senat. Dort äussere ich mich zu allen wichtigen Fragen weiterhin prägnant und ohne Umschweife. Meine Haltung gegenüber den Puniern hat sich nicht geändert; die Karthager sind und bleiben eine ernste Gefahr. Wer wie sie aufrüstet, um zu beliebiger Zeit einen Krieg beginnen zu können, der ist unser Feind, auch wenn er noch nicht zu den Waffen gegriffen hat. Noch immer warte ich auf die endgültige Zerstörung Karthagos, wieder und wieder muss ich mein ceterum censeo den Senatoren in Erinnerung rufen.

Der Tode naht.

Der Tod ist gewiss, ungewiss ist nur, ob er gerade heute kommt. Gut sterben kann man dann, wenn man sich darauf vorbereitet hat. Also kommt langsam die Zeit einer Bilanz. Zunächst nahm ich als junger Erwachsener das übliche Leben eines Bauern und Soldaten auf. Dann führte ich eigentlich drei Leben, und zwar parallel. Mein erstes Leben begann mit der Tätigkeit eines Redners und diese schlug die Brücke zum Politiker, der sich auch als Offizier und Feldherr ausweisen konnte. Das zweite Leben war das eines Gutsherrn. Also blieb ich eigentlich Bauer und Soldat, wie in meinen jungen Jahren. Dazu kam als drittes das Leben eines Gelehrten mit meinen Büchern an meinen Sohn, über die Landwirtschaft und die römische Geschichte. Der durchlaufende Faden im ganzen war mein überzeugter Kampf für eine mächtige Römische Republik mit tüchtigen Bürgern, also für das gesunde Fundament unseres Staates. Weder im Feld noch im zivilen Leben wurde ich persönlich je richtig geschlagen. Mein Leben stand wahrlich unter einem guten Stern. Eines, was mir besonders wichtig ist, habe ich erreicht: Der ist ein ruhmvoller Mann, in dessen Rechnungen sich nach seinem Tod findet, dass er mehr erworben als geerbt hat. Dieser Erwerb war eine harte Sache, die mir nicht in den Schoss gefallen ist. Viel musste gewagt werden, viel war zu verlieren. Dabei kam mir zustatten, dass ich in meinem Leben in allen Lebenslagen den Gefahren nie ausgewichen bin, sondern die Sachen ausgefochten habe. Im Feld mit scharfem Schwert, vor Gericht mit spitzen Worten, in geschäftlichen Dingen mit klugem Verstand, auf dem Land mit zäher Körperstärke. Man hat mich schon als «Mann aus Eisen» beschrieben. Damit spielte man auf meine Härte gegenüber Strapazen und Gefahren an und meinte damit wohl nicht nur die körperlichen Belange. Gerne war und bin ich ein guter Vater; hier ist mir allerdings wie bei den Frauen nicht alles gelungen. Besonders stolz bin ich jedoch darauf, unbestechlich gewesen zu sein. Ist doch die Bestechlichkeit eine der schlimmsten Geisseln der römischen Oberschicht. Ein guter Ruf ist alles, denn das Ansehen eines Mannes ist die Krone des Alters. Nicht die grauen Haare und auch nicht das zerfurchte Gesicht verschaffen einem Alten Ansehen, sondern das ehrenwert verbrachte Leben.

Über die unsterbliche Seele.

Je näher ich dem Tod komme, desto schärfer wird meine Ansicht über den Tod. Ich glaube je länger desto mehr an ein Leben nach dem Tod, an die unsterbliche Seele. Diese ist, wie ich schon als junger Mann glaubte, im irdischen Leben im Körper gefangen. Die Seele aber scheint himmlischen Ursprungs zu sein und zwischenzeitlich auf die Erde herabgenötigt worden zu sein, an einen Ort, der gewissermassen der Gegenpol ihres göttlichen Ursprungs ist. Hier hat sie aber eine Aufgabe zu erfüllen, etwa die Welt in der richtigen Ordnung zu halten mit einem massvollen und tätigen Leben. Zu diesem Schluss komme ich aus eigener Überzeugung heraus und liege damit – ich weiss es – den so genannten italischen Philosophen nahe, nämlich Pythagoras und seinen Schülern. Jene gehen davon aus, dass die Seelen der göttlichen Weltseele entnommen sind und eben unsterblich sind. Ich bin auch überzeugt, dass meine Seele nach dem Tod meines Körpers weiter leben wird. Das erleichtert mir das Sterben. So wie man meine Seele zu Lebzeiten nicht gesehen hat, wird man meine Seele jedoch auch weiterhin nicht sehen. Sie wird aber, so bin ich überzeugt, ihre Geisteskraft nicht einbüssen, viel eher wird sie erst nach dem Tod ihre wahre Weisheit erlangen. Denn dann ist sie befreit von jeglicher materiellen Beimischung und damit geläutert. Wenn ich jetzt bald aus diesem Leben scheide, verabschiede ich mich mehr aus einer Herberge als aus einer festen Bleibe. Denn die Natur hat uns hier auf Erden nur eine Einkehr zum Verweilen beschert, nicht einen ständigen Wohnsitz.

* * *

Marcus Porcius Cato, auch Censorius genannt, starb im Jahre 149 v. Chr. Sein Sohn aus zweiter Ehe wurde Prätor und hatte selbst wieder Kinder. Dessen Sohn Marcus wurde Konsul und war der Vater des Philosophen Cato, der fast so berühmt wurde wie der alte Cato. Ihn nannte man später Cato minor, den alten Cato aber Cato major.

Nachwort

Cato und das Olivenöl – damals und heute

Fragen als Ausgangspunkt.

Der Brückenschlag zwischen Gegenwart und Antike ist der Hintergrund und Anfang dieser Schrift. Das persönliche Erlebnis einer Olivenernte im Jahre 2000 führte zur Frage des Archäologen nach den antiken Techniken in diesem seit alters wichtigen Bereich der mediterranen Landwirtschaft und zu den entsprechenden Recherchen. Die bekannten Passagen von Plinius und Columella zum Olivenbaum und seinem Öl wiesen den Weg zur älteren und in dieser Sache ausführlichsten Schrift *de agri cultura* von Marcus Porcius Cato aus dem zweiten vorchristlichen Jahrhundert. Darin werden technische Abläufe so genau beschrieben, dass sich die Frage aufdrängte, ob vielleicht Olivenöl in gewissen Produktionsschritten damals sorgfältiger als heute produziert wurde, antikes Öl deshalb früher von besserer Qualität gewesen sein könnte. Mit der eingehenderen Beschäftigung der alten Schriften kamen weitere Fragen auf: Ist das Landwirtschaftsbuch Catos ein trockener technischer Rapport, wie es auf den ersten Blick erscheint? Ist der Text vielleicht nur als Rohfassung eines Notizbuches entstanden? Oder ist dieses erste in lateinischer Sprache verfasste Prosawerk als durchdachtes Lehrbuch für Grossgrundbesitzer zu verstehen? Wie weit drückt bei der «Lektüre zwischen den Zeilen» die vielschichtige und zum Pedantischen neigende Persönlichkeit des dahinter stehenden Autors durch? Wer war überhaupt Cato? Warum wurde ein erfolgreicher Politiker vor über 2000 Jahren überhaupt wieder Landmann? Wie verbrachte er seinen Aufenthalt auf dem Land und wie konnte er diese mit seiner politischen Tätigkeit vereinbaren? Warum hat sich vom Vielschreiber Cato nur gerade dieses Werk integral erhalten?

Heraus kam diese Schrift, in welcher gut überlieferte Bereiche der altrömischen Landwirtschaft mit dem Leben des alten Cato verwebt werden, einer facettenreichen Persönlichkeit, mit dem sich in der Antike schon Cicero und Plutarch auseinandergesetzt hatten. In unserer Zeit haben Catos Texte noch nicht die Ausstrahlungskraft in weiteren Kreisen erreicht, die sie verdienen würden. Das hängt wohl vor allem mit dem komplexen Aufbau von Catos Schrift über die Landwirtschaft zusammen und nicht mit dem Forschungsstand; denn es liegen gute Publikationen und kommentierte Übersetzungen von *de agri cultura* durch Althistoriker und Altphilologen vor. Die vorliegende Arbeit kann vor allem aus den kommentierten Übersetzungen Paul Thielschers und Otto Schönbergers schöpfen und wagt auf dieser guten Grundlage eine freiere Interpretation zum Thema Landbau. Dabei werden die überlieferten Erlebnisse Catos um fiktive Sichtweisen dieses unbequemen und umstrittenen Römers erweitert. So entstand die Nacherzählung über das Leben eines Römers vor gut 2000 Jahren als Freizeit-Landmann. Dieser erinnert an den «Gentleman Farmer» des 18. Jahrhunderts, als in der Zeit des ausklingenden Ancien Regime die Landwirtschaft ebenfalls durch die Oberschicht reformiert wurde.

Heute ist Cato noch allgemein bekannt als Politiker und Scharfmacher gegen Karthago mit seinem oft und beflissen zitierten *Ceterum censeo Carthaginem esse delendam*. Dieses Zitat ist übrigens, wie so vieles oft Kolportiertes, nicht auf einen original überlieferten lateinischen Text genau dieses Wortlauts zurückzuführen[1]. An die gängige deutsche Übersetzung dieses Nachsatzes «Übrigens bin ich der Meinung, dass Karthago zerstört werden muss» knüpft trotzdem, weil er zu einem geflügelten Wort geworden ist, der Titel des vorliegenden Büchleins an und damit an den bekannteren Cato. Der Inhalt kreist aber keineswegs um römische Politik, wie man sie vom Schulunterricht her kennt, sondern in den allgemeinen Passagen vielmehr um die Person Catos, sein Leben auf dem Lande und seine Zeit. Catos eigene Zitate bilden – neu geordnet – das Fundament des Hauptteils. Diese Arbeit eines sich einem breiteren Publikum gegenüber verpflichtet fühlenden Kulturgeschichtlers und Museumsmanns vereinfacht da und dort, schrumpft etwa die ehemals sechs bis sieben Güter Catos auf drei und legt der Hauptperson gewisse weitere zeitgenössische Quellentexte in den Mund. Bemühung um Respekt wie um Distanz vor nachträglicher einseitiger Wertung war dabei die Devise.

De agri cultura – ein Tagebuch?

Das diesem Band über weite Strecken zugrundeliegende Werk *de agri cultura* ist nach der jetzt gültigen Meinung der Forschung zwischen 175 und 150 v. Chr. entstanden[2]. Es gilt in Fachkreisen als ein herausragendes Prosawerk der Antike. Cato integrierte darin mit klarem Blick die effizientere Arbeitsweise der Griechen und Punier in die römische Kultur der Landwirtschaft. Der Verfasser war im Bereich der Verbesserung der römischen Landwirtschaft nach fremden Vorbildern ein Pionier. Das Faktum, dass der Senat erst nach dem Tod Catos das grosse Werk des Puniers Mago über den Landbau ins Lateinische übersetzen liess, bestätigt diese Ansicht[3]. Soweit erscheint die Sache klar, den genauen Charakter der Schrift *de agri cultura* beurteilt die Forschung des 20. Jahrhunderts jedoch unterschiedlich: Für die einen war es mehr ein Tagebuch, für die anderen ein einheitlich konzipiertes, für eine grössere Öffentlichkeit bestimmtes Werk. Diesen Unterschied machten besonders die beiden jüngsten deutschsprachigen Auswertungen deutlich, diejenige von Paul Thielscher von 1963 «Des Marcus Cato Belehrung über die Landwirtschaft» und diejenige des Jahres 2000 (in der zweiten, überarbeiteten Fassung) von Otto Schönberger «Marcus Porcius Cato – Vom Landbau – Fragmente». Nach Thielscher ist Catos Buch eine recht chaotische Aneinanderreihung von Einzelbeobachtungen, in das der Autor nie Ordnung gebracht hätte; Cato sei selbst wohl nicht mehr zu einer (vorgesehenen) Schlussredaktion dieses Notiz- und Wirtschaftsbuches gekommen[4]. Thielscher betonte mehrfach einen «persönlichen tagebuchartigen Charakter» des Werkes, gerade bei der Episode mit dem Beinbruch[5]. Schönberger sieht es anders: Die Struktur und der Aufbau seien eher Spiegel «von einem archaisch am Gegenstand haftenden und teilweise assoziativ gleitenden Denken». Und er ist sich sicher, dass der Text noch von Cato selbst herausgegeben wurde, weil er damit ja belehren und Wirkung erzielen wollte[6]. – Einig sind sich Schönberger und Thielscher indes bezüglich einer inneren inhaltlichen Entwicklung des Werks, vor allem, was die technischen Erläuterungen betrifft. Dazu gehören Wiederholungen zu ein- und demselben Thema mit gewissen graduellen inhaltlichen Unterschieden beziehungsweise Verbesserungen[7].

De agri cultura – ein Tagebuch!

Die Beobachtung, dass in *de agri cultura* die Kapitelfolge die Werkgenese und damit wahrscheinlich den Lebenslauf Catos spiegelt, bildet das Fundament der hier vorliegenden Nacherzählung. Catos Überlieferungen werden in sein Leben, so weit es bekannt ist, zurückverlegt, also der Tagebuch-Charakter herausgehoben. Im Sinne einer überblickbaren chronologischen Ordnung erschien eine Reduktion auf gewisse Episoden gewisser Lebensabschnitte angezeigt. So wird der Umstand aufgefangen, dass im Originaltext von *de agri cultura* vieles durcheinander geht. Cato kreist darin zwar immer wieder um die Oliven, geht dann aber zum Obst, mal zum Wein und wieder zurück zum Öl; und hier quer durch zum Pressen, Ernten und wieder zurück zum Pressen usw. Die hier vorgenommene Bündelung von Catos Originalpassagen zu ein- und demselben Thema dient der Übersichtlichkeit. Die Nacherzählung setzt mit dem Erwerb des Ölgutes im Jahre 198 v. Chr. ein. Diese Jahreszahl wurde wie alle anderen auf unsere Zeitrechung umgerechnet, wie überhaupt auf eine «Antikisierung» der Namen, Masse usw. im Text zu Gunsten einer guten Lesbarkeit verzichtet wurde.
Das Leben Catos wurde da und dort durch Episoden angereichert, welche jene Zeit paradigmatisch spiegeln. Dabei ist durchaus nicht alles erfunden; die Geschichte um seine zweite, junge Frau, schil-

dert Plutarch wie andere hier wiedergegebene Passagen recht genau. Seine Biographie fusst stark auf der nicht erhaltenen Vita Catos durch Cornelius Nepos von etwa 36 v. Chr. Einige Sätze der Nacherzählung sind Texten aus Ciceros *de senectute* entnommen, wie etwa die Stelle über die unsterbliche Seele[8]. Solche Passagen illustrieren mehr die Zeit des 2. und 1. Jahrhunderts v. Chr. in allgemeiner Art als unbedingt die Person Catos.

Die oben gemachte Aussage, dass zur Zeit der Römischen Republik Olivenöl aufwendiger als in der Neuzeit gewonnen wurde und qualitativ besser als das heutige Öl gewesen sein könnte, kann da und dort aus Catos Werk herausgelesen werden. Vor allem aus den Passagen über die von ihm detailliert beschriebene antike Technik der Entkernung. Die Olivensteine wurden bei der Gewinnung des Olivenöls zuerst vom Fruchtfleisch in einem langwierigen Prozess getrennt und – im Gegensatz zu Heute – nur das letztere gepresst. Diese dank Cato präzis nachvollziehbare antike Technik ist eine eigentliche Entdeckung und ein Paradebeispiel für das zu wenig bekannte Faktum, dass es in der Kulturgeschichte nicht nur Fortschritte, sondern auch Rückschritte gibt.

Die Überlegenheit der Antike in gewissen Bereichen gegenüber heute am Beispiel des Olivenöls belegen zu können, ermöglicht die Detailversessenheit eines Cato, der etwa die Bauart der Ölquetschen in seinem Werk so ausführlich und genau beschrieb, als ob er sie selbst hätte anfertigen wollen. «Catos Büchlein führt uns so nahe an die antike Wirklichkeit heran wie kaum eine andere antike Schrift» schrieb schon im Jahre 1963 Paul Thielscher[9].

Cato, eine besondere Persönlichkeit in einer besonderen Zeit.

Cato wurde dank seiner Leistungen im militärischen und vor allem politischen Sektor zum bekanntesten Römer seiner Zeit. Er leistete in einer Schlüssel-Epoche einen wichtigen Beitrag zum Aufstieg Roms zur Vorherrschaft über den Mittelmeerraum. Dieser erfolgreiche Mann wurde aber zeitlebens geschätzt *und* gehasst, bewundert *und* gemieden. Damit ist der besondere Charakter dieses tatkräftigen Ritters angesprochen, seine Sonnen- und Schattenseiten.

Zu den letzteren gehörte etwa sein besonders ausbeuterischer Umgang mit Sklavinnen und Sklaven. In der Zeit nach dem zweiten Punischen Krieg, als Rom von versklavten Kriegsgefangenen überschwemmt wurde, machte sich Cato im Rahmen der damals gültigen ethischen Spielräume das Überangebot an Arbeitssklaven nicht nur wie andere zunutze und stellte sie rigoros in den Dienst seiner privaten, gewinnorientierten Pläne, sondern ging offenbar noch deutlich über das damals übliche Mass hinaus[10]. Die aus heutiger Sicht härtesten Passagen in der Nacherzählung, wie diejenigen über seine Art der Sklavenbehandlung, beruhen im Kern auf alten Quellen, entweder auf Cato selbst oder auf Plutarch. Das gilt auch für das konservative Frauenbild Catos. Plutarch hielt ihm im Zusammenhang mit seiner zweiten Heirat insbesondere die schmähliche Behandlung seines ersten Sohnes vor.

Bei der Auseinandersetzung mit Cato kommt man nicht an dessen widersprüchlichen Seite der Lebensführung vorbei. Einerseits wird Cato als selbsternannter, eiserner Moralprediger mit vielen positiven Seiten geschildert, andererseits warf man ihm auch Schwächen bei seiner eigenen Lebensgestaltung vor, weil sie nicht frei von Widersprüchen gegenüber seinen eigenen Idealen gewesen sei. Cato wird zudem als Mann überliefert, der seine Kritik zuweilen nicht nur überzogen, sondern schroff und verletzend ausgesprochen habe. Im Tagebuch kommt Cato sowohl als harte, aber auch über sich selbst reflektierende Persönlichkeit zum Ausdruck. Damit wird Catos eigener Ausspruch «Ich verzeihe allen gerne ihre Fehler, nur mir selbst nicht» wieder aufgegriffen.

Cato verkörpert nach Ansicht des Schreibenden einen in verschiedenen Zeiten anzutreffenden Typus von Führungspersönlichkeit, der vor allem in Perioden des schnellen Wandels seine Rolle und Resonanz in der Politik findet: Gemeint ist der tüchtige Aufsteiger, der der alten, verwöhnt gewordenen Elite den Marsch bläst, sich als die alten Tugenden predigenden Sittenapostel profiliert, selbst aber gleichzeitig den ökonomischen Fortschritt lebt, und das Ganze als selbstbewusster Politiker auf einer geraden Linie mit einer harten Innen- und Aussenpolitik umsetzt. Eine derart profilierte Persönlichkeit kann unterschiedlich gesehen werden: Von den Einen als zum Fanatischen neigender Weltverbesserer, von den Anderen als besonnener Pol, der die Qualitäten der Vergangenheit gezielt mit der Chance der Zukunft zu verbinden und umzusetzen imstande ist. Wie auch immer: Heute befinden wir uns in Europa wieder in einer Zeit des schnellen Wandels. Damit ist nebenbei gesagt, dass polarisierende Menschentypen wie Cato heute wieder aktueller erscheinen als in ruhigen Zeiten.

Zur Lebenszeit Catos eilte Rom nach anfänglichen Demütigungen durch Hannibal in Italien von Erfolg zu Erfolg im Mittelmeerraum. Die Voraussetzung dafür war eine gut organisierte und selbstbewusste Oberschicht, zu der Cato als Akteur der Expansionspolitik selbst gehörte. So wurde der anfängliche Stadtstaat Rom zur Weltmacht und das Mittelmeer zum *mare nostrum*. In dieser wechselvollen Zeit veränderte sich die reicher und verwöhnter werdende Elite stark. Vor diesem Hintergrund erfolgte die Beschwörung der guten alten Sitten des wertkonservativen Cato. Er erkannte insbesondere die Gefahr einer Unterhöhlung des Agrarstaates (wie sie später auch erfolgte) durch die Vernachlässigung der staatstragenden (und ihn politisch unterstützenden) Landwirtschaftskreise. Cato wusste, dass der hohe Stellenwert der Agronomie für die Wirtschaft und Politik des Staates nur um den Preis einer gründlichen Reform zu erreichen war. Eben bei dieser wirkte er selbst wegweisend mit. Cato, der selbst aus einer alten Bauernfamilie stammte, vereinigte dabei seinen praktischen persönlichen Erfahrungshintergrund mit seinem visionären Potenzial – und wusste sich dabei selbst bestens darzustellen. Er investierte erhebliche Mittel in den Bereich des Wein- und Olivenbaumanbaus und machte damit zunächst sogar einträgliche Geschäfte. Die Agrarwirtschaft wurde nicht nur modernisiert, sondern auch systematisch vermarktet. In den wissenschaftlichen Kommentaren zum Werk Catos ist dementsprechend von einer Art frühem Kapitalismus die Rede. – Am Beispiel der neuen römischen Landwirtschaft kann schön gezeigt werden, auf welchem Grundrezept die Römische Republik ihren Erfolg aufbaute: Auf eine traditionelle agrarische Grundlage wurden neue Zweige aufgepfropft, und deren Früchte ergaben für Rom eine neue starke Identität.

Die Rezeption Catos.

Cato ist eine römische Persönlichkeit, von der recht viel überliefert ist. Dazu gehören die schon erwähnten Werke Plutarchs und Ciceros. In diesen Quellen entsteht übereinstimmend das Bild eines profilierten Charakters. Das war mit ein wichtiger Grund, dass schon Cicero in seinem Werk *de senectute* Cato zu neuem alten Leben erweckte. Der berühmte Cicero bewunderte Cato besonders auch als Redner. Catos Rezeption hielt in den ersten nachchristlichen Jahrhunderten an. Im 3. Jahrhundert nach Christi Geburt entstanden die *Dicta Catonis*. Dieses Handbüchlein zur Vulgärethik, das mit Catos Werk selbst allerdings kaum mehr etwas zu tun hatte, enthielt zahlreiche Gedanken von Seneca und Horaz und gelangte besonders im Mittelalter als Schulbuch zu einer breiten Wirkung; es wurde in viele Nationalsprachen übersetzt. Catos Werk *de agri cultura* hingegen spielte im Mittelalter kaum mehr eine Rolle, es wurde erst wieder im Zeitalter der Renaissance breiter rezipiert.

* * *

Vergleich des Olivenöls von damals und heute.

Dieser zweite Abschnitt des Nachwortes knüpft an die erwähnten Hinweise in Catos Werk auf eine bessere Produktion von Olivenöl an. Hier geht es letztlich um die Frage: Kann unsere Gegenwart da und dort noch von der Vergangenheit lernen, indem sie ihre Zukunft dorthin lenkt, wo die Geschichte schon einmal war? Zunächst erfolgt ein konzentrierter Blick auf die Geschichte der Gewinnung des Olivenöls von damals und heute.

Die lange Reise des Olivenbaums vom Nahen Osten nach Europa.

Wie viele andere kulturelle Errungenschaften hatte wohl auch die menschliche Nutzbarmachung der Früchte des Ölbaums seinen Ursprung im fruchtbaren Zweistromland von Euphrat und Tigris, dem antiken Mesopotamien. Dann begann die Wanderung westwärts. Wie bei der Weintraube dauerte es beim Olivenbaum Jahrtausende, bis er im Mittelmeerraum in dem grossen Umfang kultiviert wurde, wie wir dies heute kennen. Die Hauptetappen der Ausweitung des Anbaugebietes des Olivenbaumes waren:

- Zunehmende Kultivierung des wilden Ölbaumes etwa 4500 vor Chr. im heutigen Syrien und in Palästina.
- Anbau von Oliven in Ägypten.
- Um 2500 vor Chr. Olivenbäume auf Kreta und anschliessend in Anatolien und Griechenland.
- Um 600 v. Chr. Einführung des Olivenbaumes, wie der Weintraube, über Süditalien bis in die Gegend von Rom und im 6. Jahrhundert vor Chr. in das etruskische Gebiet.
- Anschliessend weitere Verbreitung von Olivenkulturen in Spanien und Italien bis hinauf zum Gardasee und in die Provence.

In die Regionen, wo der Olivenbaum nicht gedeihen kann, wurde Olivenöl bereits in römischer Zeit, als sich die römische Lebensart über das ganze *Imperium Romanum* verbreitete, exportiert. Dazu gehörten die römische Provinzen des jenseitigen Galliens und Germanien. Im Mittelalter ging der Export von Olivenöl in die Länder nördlich der Alpen wieder zurück oder hörte ganz auf, zumal dort andere Öle dazu in Konkurrenz traten. Die traditionell wichtigen tierischen Fette wurden dort wieder mehr verwendet. Dazu gehörte vor allem Butter statt Olivenöl. Nach dem Zusammenbruch des Römischen Reichs nahmen nicht nur die Exporte stark ab, sondern im Stammland Italien gingen auch die ausgeklügelten antiken Techniken verloren, darunter die beschriebenen Quetschmaschinen zur Entkernung der Oliven.

Das Öl im antiken Griechenland.

Vom hohen Stellenwert des Olivenöls zeugt bereits dessen Bedeutung in der Ilias des Homer. Dieser kannte Olivenöl noch nicht als Nahrungsmittel, sondern vor allem für die Körperpflege. Oft rühmte er die mit Öl eingeriebenen, muskulösen Körper der Krieger. Das Einreiben mit Öl nach dem Bad war in den antiken Hochkulturen, im Gegensatz zu den so genannten Barbaren, allgemein üblich. Olivenöl diente als eine Art Seife, die mit einem speziellen Gerät, dem Strigilis, von der Haut abgeschabt wurde. Auch als Wärmeschutz wurde Öl auf der Haut geschätzt. Das harte Holz des Olivenbaums verarbeitete man schon im antiken Griechenland: Wie freute sich Odysseus bei seiner Heimkehr auf sein aus Olivenholz gefertigtes Bett! – Von den griechischen Philosophen, etwa von Platon und Aristoteles wird in ihren Schriften immer wieder die Olive in interessantem Zusammenhang erwähnt[11]. In der Religion tritt der Olivenbaum oder Olivenzweig oft als Symbol auf, vor allem in Zusammenhang mit der Göttin Athene.

Hohe Qualitätsstandards in der Antike.

In der Antike wurde grösster Wert auf eine gute Qualität des Olivenöls gelegt. Das geht aus verschiedenen Passagen diverser Autoren hervor. So widmete Cato dem guten Öl, das er «grünes Öl» nannte, ein ganzes Kapitel und überschrieb es mit eben diesem Wort. Begriffe wie *oleum bonum* und *oleum optimum* in der antiken Literatur zeugen von einer differenzierten Qualitätsabstufung. Dazu gehörte die erwähnte Aufteilung in drei Pressungen.

Voraussetzungen für die Gewinnung eines guten Öls waren in der Antike[12]:

1. Rechtzeitige Ernte beziehungsweise baldiges Auflesen der Falloliven, die gewaschen werden sollen.
2. Kelterung derselben schon am nächsten oder übernächsten Tag.
3. Ernte der Oliven vom Baum zum richtigen Zeitpunkt, nämlich «sobald sie dunkel sind *(ubi nigra erit)*».
4. «Je herber (d.h. fester und frischer) die Oliven sind, woraus du Öl kelterst, desto besser wird das Öl sein *(quam acerbissima olea oleum facies, tam oleum optimum erit)*».

Und es kommt dazu:

5. Die Früchte sollen im *trapetum* mässig gequetscht und von den Kernen getrennt werden.

6. Das beste Öl entsteht unter der Presse bei mässigem Druck auf die entkernte Fruchtmasse. Die Abläufe, auch das Pressen, gehen bewusst langsam vonstatten.
7. Das Öl wird alsbald in mehreren Arbeitsgängen vom Fruchtwasser und von den festen Bestandteilen getrennt und dadurch, wie es Columella beschreibt, veredelt.

Die Punkte 1 bis 4 werden heute je nach Region und Produzent unterschiedlich gehandhabt. In bestimmten Gegenden bleiben die Oliven lange am Baum hängen, in der Meinung, dass mehr Öl daraus gewonnen werden könne. Allgemein bekannt ist jedoch, dass angefaulte und schimmlige Früchte ihren schlechten Geruch auf das Öl übertragen.

Punkt 5 weist auf eine zentrale Divergenz zwischen der antiken Technik und der heutigen Produktionsweise. Bei dieser letzteren, auf das Mittelalter zurückgehenden Technik werden die Kerne mitsamt dem Fruchtfleisch in einer Mühle zermalmt und die so entstandene Masse gepresst. Es war zwar stets bekannt, dass in der Kernschale und im Samen selbst recht viel Öl enthalten ist, in der Antike wurde aber trotzdem auf die Mitgewinnung dieses Öls verzichtet. Offenbar wurde empirisch ermittelt, dass mit der Verwendung von Öl aus dem Stein eine Qualitätseinbusse verbunden war; Columella spricht ausdrücklich von der geschmacksverderbenden Wirkung der Kerne. Damit hat er wohl vor allem die im Samen vorhandenen höheren Anteile an Bitterstoffen gemeint, wie dies bei den meisten Baumfrüchten der Fall ist. Jedenfalls wurde in römischer Zeit mit der Entkernung der Früchte in der Produktionskette des Olivenöls ein erheblicher Zusatzaufwand getrieben, auf den man heute verzichten zu können glaubt.

Punkt 6 ist heute noch bekannt. Nicht umsonst gibt es noch vereinzelt das so genannte Abtropf- oder Tropföl, das von selbst aus den Pressen rinnt, separat aufgefangen und zu einem hohen Preis gehandelt wird. Die grosse Masse des heute erhältlichen Olivenöls wird aber unter grossem Druck in hydraulisch betriebenen Pressen und in einem Arbeitsgang hergestellt. Damit ist die lange Zeit noch übliche «erste», «zweite» und «dritte» Pressung im

alten Sinne verschwunden[13]. Dazu kommt, dass heute alle Abläufe normalerweise sehr schnell gehen; Olivenöl wird vom Waschen bis zum Zentrifugieren in ein bis drei Stunden hergestellt. Konsens besteht jedoch weiterhin darin, dass grosser Druck höhere Temperaturen zur Folge hat und solche wenn möglich vermieden werden sollten. Spiegel dieses Problembewusstseins ist der heute gebräuchliche Ausdruck «kaltgepresst», der allerdings recht tolerant ausgelegt wird.
Das unter Punkt 7 aufgeführte schnelle Trennen des Öls von den übrigen Bestandteilen des ausgepressten ölhaltigen Saftes geschieht heute in der Regel über moderne Zentrifugen unmittelbar nach dem Pressen. Dieses Gebot ist also mehr als erfüllt. Allerdings geschieht dieser Vorgang heute schnell und intensiv; hier liegt vielleicht ein Widerspruch zur antiken Empfehlung der schonenden Behandlung des Öls vor.

Quervergleich des Gewinnungsprozesses von damals und heute.

Bis vor kurzem wurden in den Mittelmeerländern die ganzen Oliven ähnlich wie die Getreidekörner in Mühlen gemahlen. Mehr und mehr kommt jetzt die Methode auf, Oliven mit ihren Kernen durch scharfe Messer zu einem Brei zu zerhacken. Dabei entsteht Wärme. Der Brei wird anschliessend maschinell durchgeknetet, gepresst und vom Fruchtwasser separiert. All dies geschieht unmittelbar hintereinander in Maschinen aus Edelstahl. Damit kann auf die alten Presskörbe, Matten und Lattenkisten verzichtet werden. Deren Nachteil war die mangelnde Reinigungsmöglichkeit. Schmutzrückstände von vorherigen Pressgängen lösten im neuen Öl unerwünschte fermentative Prozesse aus.
Heute gilt die Regel, die Olivenmasse (bzw. das Öl) sollte während des Produktionsprozesses für möglichst kurze Zeit mit Sauerstoff in Berührung kommen, weil sonst Oxydation und Fermentation auftreten kann. Hier gibt es einen Widerspruch zu Anweisungen der Antike; Columella empfahl mehrmaliges Umgiessen von Wanne zu Wanne. Noch im Mittelalter und der frühen Neuzeit wurde die Separierung in mehreren hintereinander gestaffelt angeordneten

Gefässen ausgeführt. Durch diesen oft mehrere Tage dauernden Prozess wurde zwar das Öl gut von der wässrigen Flüssigkeit geschieden, kam dadurch aber wiederholt mit Sauerstoff in Berührung, was nach heutiger Erkenntnis unerwünschte Oxydationsprozesse fördert. Hingegen deckt sich die antike Anweisung, dass das Öl schnell von der Flüssigkeit zu trennen sei, mit modernen naturwissenschaftlichen Erkenntnissen. Denn in der wässrigen Flüssigkeit *(amurca)* sind chemische Stoffe enthalten, die schädlich auf den Ölanteil einwirken. Dazu gehören vor allem Enzyme, welche die chemische Veränderung des Öls beschleunigen können.
Eine Gegenüberstellung der auf komplizierten Maschinen und Einrichtungen beruhenden Produktionsmethoden der Antike mit den heute üblichen zeigt insgesamt, dass zwar die Herstellungsmethoden wesentlich effizienter geworden sind, aber die alte Qualitätsabstufung der Antike beziehungsweise die qualitätsvollsten Öle zu einem Teil auf der Strecke geblieben sind. Das beste Öl der Antike, bei Plinius d. Älterem *flos* (Blume) genannt, ist heute in grösseren Mengen nicht mehr verfügbar.

Die verschwundenen Quetschmaschinen.

Eine Hauptvoraussetzung für die Herstellung der «Blume» der Olivenöle war der Einsatz von Entkernungsmaschinen. Die von Cato ausführlich beschriebene Quetschmaschine vom Typus *trapetum* ist heute nirgends mehr nachweisbar; es gibt aber archäologische Reste von Quetschmaschinen aus Stabiae und Pompeii, die schon im 18. Jahrhundert[14] entdeckt worden sind. Auch Grundrisse von Kelterhäuser wurden gefunden. Deshalb wissen wir heute genügend über dieses *trapetum*. Das lateinische Wort geht wohl zurück auf griechisch *trapeo*, was «die Weintrauben mit den Füssen zertreten» bedeutet; offenbar wurde dieses Wort von den Römern von der Weinquetsche auf die Ölquetsche übertragen[15]. In Sizilien heissen heute noch die Ölpressen trappitti.
Die antike Quetschmaschine war wesentlich aufwendiger konstruiert als das System der heute noch bekannten (Korn-)mühle, bei welcher der Läufer- oder Kollerstein direkt auf dem Bodenstein

abrollt, und die in sehr ähnlicher Konstruktionsweise teilweise noch heute als Olivenmühle eingesetzt wird. Nicht ausgeschlossen ist, dass schon in römischer Zeit Mühlen in der Art der Kornmühlen für Oliven eingesetzt wurden, was aber die Autoren Columella und Cato nicht befürworteten[16].

Plinius und Vitruv.

In den ersten Jahrhunderten nach Christi Geburt ging die Entwicklung der Technik der Ölgewinnung durch die Römer weiter. Plinius der Ältere, der beim Ausbruch des Vesuvs im Jahre 79 ums Leben kam, beschrieb in Kapitel XIII seiner grossen Naturgeschichte, worin er das Wissen der Antike enzyklopädisch zusammenfasste, ausführlich den Olivenbaum und die Ölgewinnung. Er verwendet die Bezeichnung *oleum optimum* für das Öl aus den noch festen (nicht schon weichen) Oliven. Plinius bezeichnet den Saft der ersten Pressung als das beste Öl und nennt dies eben Blume[17]: «Was aber nach dem Zerquetschen in den Ölmühlen zuerst ausgekeltert wird, nennt man Blume *(quod vero post molam primum expressum est, flos)*». Ausserdem berichtigt er in klaren Worten eine verbreitete Falschmeinung: Grössere Oliven ergeben nicht mehr Öl als kleinere, vor allem auch nicht besseres. Deshalb ist es falsch, die Oliven zu lange am Baum hängen zu lassen.
Plinius der Ältere kannte noch die Trotte mit Haspelzug: «Die Alten zogen die Kelterbäume mit Tauen aus Lederriemen sowie mit Haspelarmen herunter». Er erwähnt aber bereits die Verbesserung der Ölpresse durch die Schraubenspindel, welche Cato noch nicht kannte[18]. Mit derselben kann das Heben und Senken bewerkstelligt werden. Dabei geht das Gewinde einer Schraubenspindel durch eine Schraubenmutter, an Spindel und Mutter ist (unten) ein Tummelbaumstern angefügt.
Plinius der Ältere nennt überdies eine Methode, mit der das Fruchtwasser frühzeitig entfernt werden konnte[19]: «Später hat man die Erfindung gemacht, die Oliven in ganz kochendem Wasser zu waschen, dann sofort als ganze Früchte unter den Kelterbaum zu legen – denn so wird das Fruchtwasser ausgepresst –, sie dann in

den Kollergängen zu zerquetschen und zum zweiten Male zu keltern.»

Columella.

Von Columella stammt ein ausführliches Handbuch zur Landwirtschaft aus der ersten Hälfte des 1. Jahrhunderts n. Chr. Seine Ausführungen zum Olivenanbau fussen teilweise auf Cato. Er bestätigt die Wichtigkeit der Quetschmaschine[20]: «Am folgenden Tag (nach der Ernte) wirft man die Oliven in die möglichst sauberen Ölmühlen, deren Steine schwebend gehalten werden müssen *(molis suspensis)*, damit die Kerne nicht zermalmt werden *(ne nucleis frangatur)*.» Und[21]: «Die Ölmühlen erlauben die bequemste Art der Handhabung, wenn ihre Steine je nach Grösse der Früchte entweder herabgelassen oder auch emporgehoben werden können; damit werden die Kerne, die den Geschmack des Öls verderben, nicht mit dem Fleisch zermalmt *(ne nucleus, qui saporem olei vitiat, confringatur)*.» Columella bevorzugte offenbar gegenüber dem Kollergang das (ältere?) System der Mühle mit umlaufendem Stein (oder umlaufenden Steinen), die schwebend gehalten werden konnten[22].
Eine von Columella erwähnte Verbesserung ist der Lattenkasten, der das Pressgut zusammenhält. Der Lattenkasten hat den grossen Vorteil, dass er besser gereinigt werden kann als die geflochtenen Beutel. Columella schreibt[23]: «Darauf zermalme die Oliven unter einem schwebenden Mühlstein und lege sie in den Lattenkasten *(in regulas)* oder in einen neuen Kelterbeutel *(fisco)*; und wenn du sie unter den Kelterbaum gelegt hast, dann keltere sie so, dass du die Kelter nicht durch Drehen anziehst, sondern dass du das Öl nur durch das Gewicht des Kelterbaumes selbst ganz wenig ausquetschen lässt». Columella wusste noch, dass bestes Öl durch sanften Druck auf das Pressgut entsteht. Er erwähnt auch einen komplizierteren Scheidungsprozess von Öl und Wasser. Columella verlangt «drei Reihen von Wannen ..., damit eine Reihe das Öl bester Güte *(primae pressurae)* aufnehmen kann, das heisst erster Kelterung, die zweite das der zweiten und die dritte das der dritten»[24].

Diese drei Batterien von Wannen bestanden nach der Empfehlung Columellas aus bis zu 30 Stufen.

Allmählicher Verlust der ausgeklügelten antiken Technik der Ölgewinnung.

Zwischen der Antike und dem Spätmittelalter verschwanden in vielen Bereichen hochstehende antike Techniken. Der Bevölkerungsschwund und der Zusammenbruch der Sklavenwirtschaft führte am Ende des Römischen Reichs in Europa zu weiteren Veränderungen vor allem in intensiven Wirtschaftsbereichen. Durch die Verarmung weiter Bevölkerungskreise ging die Nachfrage nach teuren Luxusgütern gleichzeitig auch im Nahrungsmittelbereich zurück. Dadurch verloren sich in manchen kulturellen Bereichen nach dem Zusammenbruch des Römischen Reiches Errungenschaften der hoch entwickelten Kultur und Ingenieurkunst der Antike. Diese wurden erst teilweise im Verlaufe des späten Mittelalters und der Neuzeit wieder verbessert. Beim Olivenöl allerdings ging der Aufholungsprozess sehr lange. Was in anderen Bereichen bereits im Zeitalter der Renaissance geschah, erfolgt hier teilweise erst im späten 20. Jahrhundert. Noch bis vor wenigen Jahrzehnten wurde im mediterranem Raum Olivenöl vorwiegend nach der eher primitiven mittelalterlichen Technik gewonnen.
Dazu kam die im 20. Jahrhundert allgemein verbreitete Tendenz, mehr auf Quantitäten als auf Qualitäten und auf schnelle Produktionsweisen Wert zu legen. Die Olivenkerne enthalten, bezogen auf die ganze Frucht, 5 % bis 10 % Öl[25]. Moderne Experimente bestätigen, dass die Ausbeute von entkernter Fruchtmasse einige Prozent tiefer als bei nicht entsteinter liegt[26]. Man nimmt bei diesem Mehrgewinn in Kauf, dass mehr Bitterstoffe mit in das Öl geraten; denn diese weisen – wie erwähnt – eine erhöhte Konzentration vor allem im Samen auf. Damit drängt sich die Frage auf, ob in der Antike vor allem deshalb die Mitverarbeitung der Kerne vermieden wurde, also aus qualitativen Gründen[27].

Qualität und Quantität.

Kam in der Antike im Vergleich zu Heute Qualität eher vor Quantität? Die Beantwortung dieser Grundfrage hängt mit der Lösung einer weiteren Frage zusammen. Kann die Qualität eines guten Olivenöls überhaupt objektiv bestimmt werden? Eines ist hier sicher: Die Naturwissenschaften allein vermögen hier keine klare Antwort zu geben[28]. Bei allen modernen Fortschritten im Bereich von Chemie und Physik ist der menschliche Geruch- und Geschmacksinn beim Olivenöl noch immer ein unverzichtbarer Teil der Qualitätsbestimmung. Heute wird die Güte eines Olivenöls deshalb ähnlich wie beim Wein auf zwei Wegen ermittelt. Erstens durch naturwissenschaftliche Analysen und zweitens durch die so genannte Organoleptik, die Geschmacksprüfung durch darin erfahrene Menschen. Olivenöl ist heute offenbar das einzige Lebensmittel in Europa, für dessen Qualitätseinstufung die an sich subjektive, nämlich auf den menschlichen Sinnesorganen beruhende Bewertung, in das gesetzliche Regelwerk der EU eingebunden wurde[29]! Diese Bestimmung wird objektiviert, indem man durch eine Gruppe von besonders ausgebildeten Menschen nach genau vorgeschriebenen Regeln und Abläufen die Öle verkosten lässt. Dieser Vorgang heisst Paneltest[30].
Die bemerkenswerte Tatsache, dass heute noch bei der Qualitätsbestimmung auf menschliche Sinnesorgane abgestellt wird, ist für die oben gestellte Frage nicht ohne Belang. Denn oft hört man, dass in früheren Zeiten die Voraussetzungen gar nicht gegeben waren, im Vergleich zu den heutigen Mitteln, eine echte Qualitätsbestimmung vorzunehmen. Offenbar ist dies beim Olivenöl anders und eben der Mensch ein wichtiger Schlüssel zur Qualitätsbestimmung. Das heisst positiv: Damals wie heute konnten Menschen mit ihren Sinnen erkennen, was gutes und schlechtes Olivenöl ist. Also kann man hier der Antike recht viel zutrauen.

Gibt es echte Vergleiche zwischen Ölen von damals und heute?

Ein echter Vergleich zwischen antikem und modernem Olivenöl ist kaum möglich, weil man im strengen Sinne der experimentellen Archäologie die alten Anbaumethoden 1 : 1 nachvollziehen, die alten Maschinen nachbauen und Öl ganz nach der alten Art produzieren müsste. Dies wäre zu aufwendig. Aber es gibt einen Lichtblick, der allerdings erst in den Anfängen steckt. Parallel zur Entstehung dieser Schrift wurden in Italien seit dem Jahre 2001 – welche Koinzidenz! – Versuche unternommen, Oliven mit neuartigen Maschinen zu entkernen, wobei offenbar Angaben Columellas dazu den Anstoss gaben. Diese Experimente waren erfolgreich, die Produktion von Olivenöl aus entsteinten Oliven wird seit wenigen Jahren im bescheidenen Rahmen kommerziell betrieben[31]. Dabei ergaben sich gegenüber dem konventionell gewonnenen Öl recht positive Werte[32]. Im Jahre 2004 wurde im Sinne eines Versuchs eine Ernte aus der Maremma teils mit Entkernung, teils ohne Entkernung (traditionell) verarbeitet und die beiden Öle anschliessend analytisch getestet und verglichen; auch dieser Test ergab ermutigende Resultate[33]. Heute liegen also erste Hinweise vor, die für eine besonders hohe Qualität von aus entkernten Oliven, also nach antiken Grundsätzen gewonnenem Öl sprechen[34].

Übrigens kann man hin und wieder aus der Antike lernen.

Die neuen naturwissenschaftlichen und anderen Untersuchungen von Olivenöl können folgendermassen zusammengefasst werden: Aromatisches, intensiv frisch duftendes Olivenöl weist auf einen hohen Anteil an biologisch aktiven Substanzen hin. In einem bekannten Handbuch zum Olivenöl wird es auf den Punkt gebracht[35]: «Was gut schmeckt, ist also auch gesund!». Dasselbe Werk schliesst mit der Erkenntnis: «Aber das wussten schon die Griechen und Römer der Antike. Wir hatten es ihnen nur bisher nicht geglaubt»! Jetzt kann man wohl noch einen Schritt weiter gehen: Der Aufwand, den Cato mit seinen Maschinen getrieben hat, war offensichtlich nicht umsonst; sein bestes Öl dürfte von einer besonderen Qualität gewesen sein. Vielleicht von einer Qualität, die wir uns erst noch erarbeiten müssen? Auf die eingangs dieses zweiten Teiles des Nachwortes gestellte Frage ist am ehesten zu antworten, dass sich heute der Versuch lohnt, noch ein wenig mehr von der Antike abzukupfern. Gerade in einer Zeit, wo immer wieder überraschende neue Erkenntnisse zur Heilwirkung des Olivenöls bekannt werden, und zwar eben des qualitativ besten Öls[36].

Endnoten

1 Vgl. den Artikel von Michael Maass im Katalog Hannibal ad portas des Badischen Landesmuseums Karlsruhe (Stuttgart 2004) 380 ff.
2 Schönberger 2000, 349, vgl. auch zur Frühdatierung 350.
3 Schönberger 2000, 344.
4 Vgl. Schönberger 2000, 369 ff., bes. 375 ff.
5 Thielscher 1963, 389.
6 Schönberger 2000, 350 f.
7 Thielscher sieht, was nachvollziehbar ist, in folgenden Bereichen Fortschritte im Werk Catos:
– c. 23 zu 112/113 betr. Nieswurzwein
– c. 37 betr. ganze bzw. verbrannte Olivenkerne als Dünger.
8 XXI, vgl. Schönberger 2000, 95.
9 Seite 18.
10 Plutarch kritisierte schon dessen Verhalten in diesem Bereich. Vgl. auch Kienast 1954, 8 f.
11 Plato Tim. 60a. Aristoteles De plant. I 4 p. 819b 31 f. und I 5 p. 820 32.
12 Vgl. Jüngst und Thielscher 1957, 59 ff.
13 Als zweite Pressung bezeichnet man heute das nochmalige Pressen der erneut gemahlenen Rückstände. Auch dieser Rest (Trester) wird teilweise weiter verarbeitet, indem das restliche Öl (etwa 10 %) durch Lösungsmittel (Schwefelkohlenstoff oder Benzin) chemisch extrahiert wird.
14 Grimaldi, Memoria sulla Economica olearia antica e moderne … (Napoli 1783). Die aus verschiedenen Teilen zusammengesetzte Quetsche ist abgebildet bei Thielscher 1963, Abb. 11. Quetschmaschinen wurden offenbar auch in Nordafrika eingesetzt. Jedenfalls scheint es aus Algerien einen entsprechenden archäologichen Fund zu geben: Domenico Concezzi, Dall'ulivo all'extra vergine (2001) 28.
15 Blümner 1875, 332.
16 Vgl. Blümner 1875, 331.
17 Naturgeschichte XV 23.
18 Naturgeschichte XVIII, 317: «intra centum annos», also vor hundert Jahren erfunden (er schrieb dieses Buch um 65 n. Chr.).
19 Naturgeschichte XV 23.
20 XII 51, 2. Zitiert nach Jüngst und Thielscher 1957, 55 resp. nach Keil.
21 XII 52, 6.

22 Vgl. Thielscher 1963, 348.
23 XII 52, 2.
24 XII 52, 10f.
25 Nach Ubbelohde's Handbuch der Chemie und Technologie der Öle und Fette II 1 (Leipzig 1932) 501; zitiert nach Jüngst und Thielscher 1957, 54. Nach G. Franke, Nutzpflanzen der Tropen und Subtropen (1975, 261) beträgt der Ölgehalt des Fruchtfleisches 12 bis 60/75 %, des Samens 20 bis 33 % und der Steinschicht 3 bis 4 %.
26 Aussage vom Inhaber di Gaetano einer Frantoio bei Bolgheri im Jahre 2003 (vgl. Anm. 31).
27 Die Lagerung war in der Antike schwieriger als heute. Olivenöl musste in Tongefässen aufbewahrt werden, auf dem Transport waren die Gefässe höheren Temperaturen ausgesetzt. Dies beschleunigte den Alterungs- beziehungsweise Oxydationsprozess. Auch aus diesem Grund könnte die Produktion von sehr reinem Öl angestrebt worden sein, weil dieses langsamer altert.
28 Obwohl bezüglich der Zusammensetzung des Olivenöls und ebenso bei der Erforschung der Wirkungen der Einzelkomponenten grosse Fortschritte erzielt wurden. Olivenöl besteht naturwissenschaftlich gesehen – neben sehr geringen Mengen von Vitamin E und Karotin, Phenolen, Paraffin, Chlorophyll und Alkoholen – zu etwa 98 % aus Fetten, vor allem in Form von Fettsäuren. Gerade im Bereich des Ernährungswertes des Olivenöls macht die moderne Forschung immer wieder neue überraschende Erkenntnisse. Lange Zeit galt das fettreiche Olivenöl in der Ernährungswissenschaft als nicht besonders gesund in einer Überflussgesellschaft, die generell unter zu fettreicher Nahrung leidet. Bis dann dieser Meinung eine wichtige, demographisch (empirisch) erhobene Erkenntnis gegenübergestellt wurde: In den Ländern Europas, die viel Olivenöl konsumieren, leiden die Menschen nicht signifikant eher an Krankheiten, die man mit zu hohem Fettkonsum in Verbindung bringt (etwa Herzerkrankungen), sondern das Gegenteil ist der Fall. Darauf stiess man nach dem Prinzip «kleine Ursache – grosse Wirkung» auf einen wesentlich komplizierteren Sachverhalt. Die Qualität eines Fettes und dessen Wirkung auf den menschlichen Stoffwechsel hängt nach Erkenntnissen von Ernährungsfachleuten von der Art dessen Fettsäuren ab, letztlich von deren molekularen Strukturen, nämlich vom Anteil der «mehrfach ungesättigten Fettsäuren», der «einfach ungesättigten Fettsäuren» sowie der «gesättigten Fettsäuren».
29 Nach Merum S. 24. Die Grenzwerte wurden von der EU-Verordnung 02/796 vom 6. Mai 2002 festgelegt. Als analytische Parameter von Olivenöl, die bei der naturwissenschaftlichen Bestimmung durch Grenzwerte festgelegt sind, gelten nach der neuen DOP-Regelung unter anderem der Anteil an freien Fettsäuren, die Petroxidzahl, die UV-Absorbierung und der Polyphenolgehalt. Für gutes Olivenöl gilt zunächst als Hauptmessgrösse ein niederer Anteil an freien Fettsäuren. Solche mit weniger als 0,8 % Säuregehalt gelten heute als Öle der höchsten Güteklasse. Hier werden sehr gute Werte von 0,2 % unmittelbar nach dem Pressen erreicht. Freie Fettsäuren sind übrigens nicht riech- oder schmeckbar; oft ist aber ein Öl mit hohen Säuregehalt mit geruchlichen und geschmacklichen Fehlern behaftet; sie wirken etwa ranzig. Die Peroxidzahl gibt vor allem Auskunft über den Oxydationszustand der Substanzen des Öls. Nach der Ernte liegt der Wert zwischen fünf und sechs und

kann während der Lagerung auf zehn ansteigen. Laut Gesetz darf er nicht über 20 betragen. Beim Abfüllen in die Flasche sollte er nicht über den Wert von 10 oder 12 steigen. Der Wirkstoff Polyphenol wirkt sich nach neueren Forschungen hemmend auf die Alterung des Öles, vor allem die Oxydation aus. Auch der Gehalt an Vitamin E gilt als Messgrösse.

30 Im Rahmen der gültigen EU-Regeln ist heute ein kombiniertes Vorgehen vorgeschrieben. Die Öle werden zuerst analysiert und anschliessend erfolgt der Paneltest durch eine Gruppe von mindestens acht Personen. Diese arbeiten bei der Verkostung nach objektivierten Kriterien, welche eine Klassifizierung ergeben. Die alte Bezeichnung Extravergine gilt heute nur noch als mehr oder weniger korrekte Qualität, nachdem der neue DOP-Standard mit genauer Ursprungsbezeichnung definiert ist. DOP-Öle sind solche, die eine Panelnote über 6.5 oder 7.0 erreichen. – Im Rahmen der Paneltechnik (panel = englisch Ausschuss) ist ein besonders Qualitätskriterium die Frische. Als gute Aromen gelten die von Gras, Artischocken oder grünen Tomaten. (Als schlechte Aromen diejenigen von Mandeln, Haselnüssen, Erde oder Butter.) Wichtige Merkmale werden beim Paneltest mit dem Adjektiven fruchtig, bitter und scharf umschrieben. In Deutsch klingen diese Worte etwas merkwürdig, sehr bezeichnend für eine gute Qualität ist das italienische Wort picante. Im Grunde soll das Öl noch ein wenig so schmecken, wie die reife ungepresste Frucht, die eben sehr bitter ist. Das Öl darf im Gaumen noch etwas kratzen und beissen. Die Farbe wird beim Paneltest offiziell nicht beurteilt, deshalb werden beim Test eingefärbte Gläser verwendet. Bekannt ist aber, dass gute Öle eine leuchtende Farbe aufweisen, nämlich goldgelb sind und stets einen grünen Schimmer haben sollten. Gutes Öl kann tiefgrün sein, hellgrün oder grüngelb. Damit bestätigt sich die Angabe Catos des guten, nämlich grünen Öls.

31 Eine Frantoio bei Bolgheri in der Toscana liess bei einer spezialisierten Firma Versuchsmaschinen konstruieren. Dabei wird in modernen Anlagen aus Chromstahl gearbeitet und zwar in folgender Reihenfolge:
- Zweimaliges Waschen der Oliven während circa 15 Minuten.
- Entkernen durch eine Zentrifuge, wobei das Fruchtfleisch in kleinen Stücken durch schmale Schlitze in einer Trommel weggeschleudert wird, und die Steine in der Trommel verbleiben.
- Hydraulisches Pressen in einer so genannten Schneckenpresse, in der die Olivenmasse vorgängig durchgeknetet wird (Decanter genannt).
- Abscheiden von Öl und Wasser in einer Zentrifuge, Separator genannt.

32 Diese Analysen ergeben das Resultat, dass entsteintes Öl etwa einen halb so hohen Säuregehalt gegenüber Referenzproben von nicht entsteintem Öl gleicher Herkunft aufweist. Erste Proben ergaben einen höheren Gehalt an Polyphenolen im entsteinten Öl gegenüber von Referenzproben von nicht entsteintem Öl. Entkerntes Öl scheint auch mehr Vitamin E zu enthalten als gewöhnliches Olivenöl. Vgl. Di Gianfrancesco et. al. Estrazione dell'olio vergine da paste denocciolate. In: Olivo & Olio, anno IV – novembre 2001, 28 ff.

33 In Sassofortino auf dem Land des Gutes Il Poggio geerntete Oliven. Die chemischen Analysen von SQTS (Swiss Quality Testing Services) der beiden Öle bestätigen zum Teil diesen Befund (siehe Endnote 32). Das mittels Hochdruckflüssigchromatographe (HPLC-FLD) untersuchte Tocopherolspektrum von Olivenöl ohne Stein zeigte einen leicht höheren Gehalt an alpha-Tocopherol (Vitamin E) als das Olivenöl mit Stein. Das mittels Gaschromatogra-

phie (GC-FID) analysierte Fettsäurespektrum zeigte beim Olivenöl ohne Stein interessanterweise einen etwas niedrigeren Gehalt an Linolsäure (C 18 : 2) jedoch einen höheren Gehalt an Ölsäure (C 18 : 1), wobei der Gehalt der anderen Fettsäuren in etwa vergleichbar war. Darüber hinaus war der Gehalt an Sterinen (Untersuchung mittels off-line HPLC-GC-FID) der beiden Öle ebenfalls leicht unterschiedlich, wobei der Gesamtsteringehalt von Olivenöl ohne Stein leicht niedriger als der mit Stein gepresstem Öl war. Der Gehalt an freien Fettsäuren war bei beiden Ölen nahezu identisch.

34 Recherchen ergaben auch Hinweise darauf, dass offenbar an einigen wenigen Orten, vor allem in der Türkei, heute noch entsteintes Öl verarbeitet wird, oder dies wenigstens behauptet wird. Eine genaue Nachprüfung war bisher nicht möglich.

35 R. Degner, Olivenöl – Der Guide für Feinschmecker. Collection Rolf Heyne (München 1995, 8. Auflage 1999).

36 Im Oktober 2004 wurde an einem Kongress in Spanien bekannt gemacht, dass regelmässiger Konsum von qualitativ sehr gutem Olivenöl nach neuesten Erkenntnissen das Risiko von Brust- und Darmkrebs signifikant reduzieren kann: Neue Zürcher Zeitung Nr. 257 vom 3. November 2004.

Antike Texte

Cato der Ältere
De agri cultura
Benützt wurden vor allem die Übersetzungen von Thielscher und von Schönberger.
Berlin 1963 und Düsseldorf/Zürich 2000

Cicero
Cato Major de senectute
Benützt wurde die Ausgabe von Max Faltner in der Sammlung Tusculum.
München 1993

Columella
De re rustica
Über die Landwirtschaft. Aus dem Lateinischen übersetzt, eingeführt und erläutert von Karl Ahrens.
Berlin 1976 (zweite Auflage)

Plutarch
Fünf Doppelbiographien. Übersetzt von Konrat Ziegler und Walter Wuhrmann.
Zürich 1994

Abgekürzt zitierte Literatur

Blümner 1875
Hugo Blümner, Technologie und Terminologie der Gewerbe und Künste bei Griechen und Römern. Erster Band
Leipzig 1875

Forbes 1955
R. J. Forbes, Studies in ancient Technology, Volume III
Leiden 1955

Frank 1959
Tenney Frank, An economic survey of ancient Rome, Vol. 1 Rome and Italy of the Republic
New York 1959

Jüngst und Thielscher 1957
Emil Jüngst und Paul Thielscher, Catos Keltern und Kollergänge
Bonner Jahrbücher 157, 1957, 53–126

Kienast 1954
Dieter Kienast, Cato der Zensor – Seine Persönlichkeit
und seine Zeit
Heidelberg 1954

Merum, Das Insidermagazin zum italienischen Wein,
Dossier Olivenöl
März 2003.

Schönberger 2000
Otto Schönberger, Marcus Porcius Cato – Vom Landbau,
Fragmente
Düsseldorf/Zürich 2000

Thielscher 1963
Paul Thielscher, Des Marcus Cato Belehrung über
die Landwirtschaft
Berlin 1963

(Alle Daten beziehen sich auf die Zeit vor Christi Geburt. Kursiv ausgezeichnet ist die in der Nacherzählung berücksichtigte Lebensphase.)

234	Geburt von Marcus Cato in Tusculum (heute Frascati).
222	Rom erobert Teile Oberitaliens durch Siege über die Gallier.
218–201	1. punischer Krieg (216 Sieg Hannibals, 201 Sieg Roms).
218	Cato erstmals Soldat.
214	Cato als Militärtribun in Sizilien, bis 210.
210	Umzug Catos nach Rom und Tätigkeit als Gerichtsredner.
207	Schlacht bei Sena Gallica, Auszeichnung für den Militärtribunen Cato.
204	Cato als Quästor bei P. Cornelius Scipio in Africa.
201	Ende des 2. Punischen Krieges, Eroberung von Spanien.
200	Kriegserklärung an Makedonien, Krieg bis 197.
199	Cato plebejischer Ädil, Veranstaltung von Spielen.
199 circa	Erwerb eines Stadtgutes vor den Toren Roms.
198	Cato als Prätor auf Sardinien.
198	*Nach und nach Erwerb von Landgütern für Öl und Wein.*
195	*Catos Amt als Consul.*
194	*Triumph Catos über Spanien.*
191	*Cato als Tribunus militum im Krieg gegen Antiochos III.*
191	*Sieg der Römer über die Boier, Oberitalien römische Provinz.*
191 circa	*Heirat Catos mit Licinia.*
190	*Geburt von Catos erstem Sohn Licinianus.*
189	*Cato Legat in Ätolien.*
187	*Kesseltreiben gegen die Scipionen.*
185	*Zerstörung Karthagos.*
184	*Catos Amt als Censor, seither Beiname Censorius.*

182	*Tod Hannibals.*
170 circa	*Tod von Catos erster Frau.*
168	*Tod des letzten makedonischen Königs/römische Weltherrschaft.*
168	*Heirat von Catos Sohn.*
160 circa	*Heirat Catos mit der Tochter seines Sekretärs (oder circa 154?).*
159 circa	*Geburt von Catos zweitem Sohn Salonianus (oder circa 155?).*
155	*Ausweisung der athenischen Philosophengemeinschaft aus Rom.*
153	*Tod des ersten Sohnes Licinianus.*
153/52	*Cato in Karthago.*
149	*Tod Catos im Alter von 85 Jahren.*
146	Restlose Zerstörung Karthagos.

Rosmarie Amacher, Küsnacht
Klaus Bartels, Zürich
Philipp Bächthold, Wallisellen
Alberto Cancelli, Follonica
Di Gaetano, Oliveto Fonte di Foiano, Castagneto Carducci
Dina Feller, Landesmuseum Zürich
Käthy Fisch, Oberhasli
Hans-Peter Furger, Allschwil
Felix Graf, Landesmuseum Zürich
Walter Köpfli, Zürich
Ursula Merz, Zürich
Doris Haben, Landesmuseum Zürich
Nik Oswald, Landesmuseum Zürich
Donato Pistolesi, Sassofortino
Britta Pollmann, Universität Basel
Reinhard Schneller, Zürich
Hans-Peter Thür, Zürich

Diese Arbeit konnte auch dank eines Arbeitsurlaubs entstehen, den das Eidgenössische Departement des Inneren dem Autor Anfang des Jahres 2002 gewährt hatte.